泛在电力物联网
信息安全300问

国网冀北电力有限公司 编

中国电力出版社
CHINA ELECTRIC POWER PRESS

内 容 提 要

　　本书共分为十章,针对泛在电力物联网信息安全目前面临的主要问题和潜在的威胁进行了深入剖析,对终端安全、边界安全、数据安全、移动安全、泛在电力物联网安全进行浅析,普及常见的网络安全法规和网络安全常识。例举了十余个近几年发生的典型安全事件。

　　本书可用作泛在电力物联网的信息安全检查、专项隐患排查和安全培训的参考资料,适用于从事网络信息安全的专业技术人员、运维人员与管理人员使用。

图书在版编目（CIP）数据

　　泛在电力物联网信息安全 300 问 / 国网冀北电力有限公司编. —北京：
中国电力出版社，2019.12　（2020.5重印）
　　ISBN　978-7-5198-3772-3

　　Ⅰ.①泛…　Ⅱ.①国…　Ⅲ.①电力系统—信息安全—
问题解答　Ⅳ.① TM7-44

　　中国版本图书馆 CIP 数据核字（2019）第 227158 号

出版发行：中国电力出版社
地　　址：北京市东城区北京站西街 19 号（邮政编码 100005）
网　　址：http://www.cepp.sgcc.com.cn
责任编辑：马　丹（010-63412725）
责任校对：黄　蓓　闫秀英
装帧设计：郝晓燕
责任印制：钱兴根

印　　刷：河北华商印刷有限公司
版　　次：2019 年 12 月第一版
印　　次：2020 年 5 月北京第二次印刷
开　　本：710 毫米 ×1000 毫米　16 开本
印　　张：9.5
字　　数：160 千字
定　　价：42.00 元

编　委　会

前　言

　　人类走过了农业社会、工业社会，如今正处于信息社会的伟大时代，"信息社会"这个词无疑已经家喻户晓，信息化的大潮正席卷着世界的每个角落，各种泛终端产品层出不穷，信息安全成为各行各业的重要一环。

　　信息技术已在人类的生产生活中发挥了至关重要的作用，然而，阳光之下总会有阴影，随之而来的信息安全问题，大则关系到国家安全、经济发展和社会的稳定性；小则关系到个人的隐私。本书中也将举例阐述一些实际案例，警示大家务必重视信息安全。

　　世界各国政府、学术界及产业界无一不重视信息安全。从电力行业的角度来说，由于信息技术的拓展，信息安全技术已经成为电力行业稳定发展的重要一环。正所谓"故用兵之法，无恃其不来，恃吾有以待之，无恃其不攻，恃吾有所不可攻"，在互联网时代的洪流中，我们必将倾其所有构筑信息安全的万里长城。

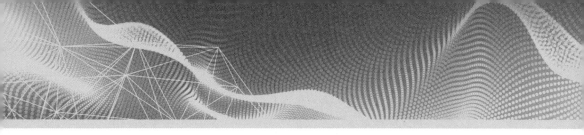

目　录

第一章　网络安全知识

第一节　网络安全基础认知普及

1-1　什么是网络安全?

网络安全是指网络系统的硬件、软件及其系统中的数据受到保护，不因偶然的或者恶意的原因而遭受破坏、更改、泄露，系统连续可靠正常地运行，网络服务不中断。网络安全从其本质上来讲就是网络上的信息安全。从广义来说，凡是涉及网络上信息的保密性、完整性、可用性、真实性和可控性的相关技术和理论都是网络安全的研究领域。网络安全是一门涉及计算机科学、网络技术、通信技术、密码技术、信息安全技术、应用数学、数论、信息论等多种学科的综合性学科。

广义的网络安全包括通信安全与网络系统安全，是指系统资源（硬件、软件、数据、通信）受到保护，不因自然的和人为的原因而遭受破坏、篡改和泄露，系统连续可靠正常地运行，网络服务不中断。既涵盖系统的实体安全（硬件、存储及通信媒体的安全）、软件安全（软件、程序不被篡改、失效或非法复制）、数据安全（数据、文档不被滥用、更改和非法使用），也包含系统的运行安全。前三类安全是静态概念，加上运行安全，就形成具有动态性、可信性的完整网络系统安全概念。

狭义的网络安全是指网络信息安全。网络信息安全的特性如下：

（1）保密性。网络信息的内容不会被未经授权的第三方所知。

（2）完整性。信息在存储或传输时不被修改、破坏，不出现信息包的丢失、错位等，即不能被未授权的第三方修改。这是信息安全的基本要求，破坏信息的完整性是影响信息安全的常用手段。

（3）可用性。包括对静态信息的可得到和可操作性及对动态信息内容的可见性。

（4）真实性。即信息的可信度，主要是指对信息所有者或发送者的身份的确认。

（5）实用性。信息加密的密钥不可丢失（不是泄密），丢失了密钥的信息也就丢失了信息的实用性，成为垃圾。

（6）占有性。存储信息的节点、磁盘等信息载体被盗用，导致对信息的占用权的丧失。

网络安全具体分为以下几类：

（1）运行系统安全，即保证信息处理和传输系统的安全。它侧重于保证系统正常运行，避免因为系统的崩溃和损坏而对系统存储、处理和传输的消息造成破坏和损失。

（2）系统信息安全，包括用户口令鉴别，用户存取权限控制，数据存取权限、方式控制，安全审计、安全问题跟踪、计算机病毒防治，数据加密等。

（3）信息传播安全，即信息传播后果的安全，包括信息过滤等。它侧重于防止和控制由非法、有害的信息进行传播所产生的后果，避免公用网络上大量自由传播的信息失控。

（4）信息内容安全，侧重于保护信息的保密性、真实性和完整性，避免攻击者利用系统的安全漏洞进行窃听、冒充、诈骗等有损于合法用户的行为。其本质是保护用户的利益和隐私。

根据《中华人民共和国网络安全法》（以下简称《网络安全法》）的定义可知，网络是指由计算机或者其他信息终端及相关设备组成的按照一定的规则和程序对信息进行收集、存储、传输、交换、处理的系统。网络安全，是指通过采取必要措施，防范对网络的攻击、侵入、干扰、破坏和非法使用以及意外事故，使网络处于稳定可靠运行的状态，以及拥有保障网络数据的完整性、保密性、可用性的能力。

1-2　什么是国家网络安全战略？

根据《网络安全法》第四条要求，国家制定并不断完善网络安全战略，明确保障网络安全的基本要求和主要目标，提出重点领域的网络安全政策、工作任务和措施。

国家网络安全战略是为实现国家网络安全总目标而制定的总体方略，是国家网络空间安全领域的顶层设计。《网络安全法》第四条明确"国家制定并不断完善网络安全战略"。

经中央网络安全和信息化领导小组同意，国家互联网信息办公室于2016年12月公开发布了《国家网络空间安全战略》（以下简称《战略》）。《战略》阐明了中国关于网络空间发展和安全的重大立场和主张，明确了战略方针和主要任务，是指导国家网络安全工作的纲领性文件。

《战略》明确，当前和今后一个时期，国家网络空间安全工作的战略任务是坚定捍卫网络空间主权、坚决维护国家安全、保护关键信息基础设施、加强网络文化建设、打击网络恐怖和违法犯罪、完善网络治理体系、夯实网络安全基础、提升网络空间防护能力、强化网络空间国际合作等9个方面。

《战略》要求，以总体国家安全观为指导，贯彻落实创新、协调、绿色、开放共享的发展理念，增强风险意识和危机意识，统筹国内国际两个大局，统筹发展安全两件大事，积极防御、有效应对，推进网络空间和平、安全、开放、合作、有序，维护国家主权、安全、发展利益，实现建设网络强国的战略目标。

1-3 网络安全的十六字方针是什么？国家如何进行网络安全治理？

我国网络安全的十六字方针是："积极利用、科学发展、依法管理、确保安全"。在我国信息化快速发展的过程中，网络安全问题凸显。如何处理和把握网络安全与信息化的关系，如何做好网络安全工作，以更好推进我国网络快速健康发展，成为一个重大课题。

积极利用，就是在网络安全方面，我们要持开放和发展的态度，积极利用网络，不因网络安全问题而限制网络发展，不可因噎废食。网络发展是21世纪最为深刻的技术革命，同时也必将带来深刻的政治、经济、文化等各方面的影响。我们要顺势而为，不可逆势而动，顺应网络浩浩荡荡的发展趋势，主动适应网络信息化、拥抱信息化，积极开发和利用网络科技。

科学发展，就是要引导网络发展正确方向，大力整饬各种网络乱象，坚持科学和客观理性态度，始终把握网络社会的主流，消除网络中的消极因素，推动网络科技革命和实践应用。

依法管理，这是网络管理的基本手段。网络社会不是法外之地，网络的虚拟性是有限的，网络的现实性越来越明显。网络已经成为现实社会中人际交往的工具和主要载体，因此，网络不仅是一个虚拟社会，更是一个现实世界。依法管理网络，就是依法治国理念在网络领域的反映，也是网络发展不可动摇的基本方针。

确保安全，是指一定要确保网络运行和网络数据等各方面的安全，这是网络应用的基础条件，也是制定本法的主要目的之一。只有在网络安全可靠的基础上，才能推进网络基础设施建设和互联互通，才能更加顺畅地进行网络技术创新和应用。为此，我国应大力培养网络安全人才，建立健全网络安全技术体系、组织体系、制度体系等各种保障体系，提高网络安全快速应对能力和监测预警能力。

网络安全已经成为国家安全的重要组成部分，国家应在宏观层面制定具有前瞻性、综合性、系统性的网络发展战略，其中包括制定网络安全战略，确保网络运行和网络数据的安全，确保网络主权不被侵犯，确保公民网络权利和自由充分行使。网络安全战略要提出网络安全的基本要求和主要目标，根据网络发展和安全需要，制定网络安全法律法规和政策措施，明确国家行政管理机构及其职能，出台网络安全行动计划和工作任务，推动网络安全与网络发展同步，提高日常网络运行的安全水平，确保不发生重大网络安全事件。根据《网络安全法》第四条的规定，国家制定并不断完善网络安全战略，明确保障网络安全的基本要求和主要目标，提出重点领域的网络安全政策、工作任务和措施。

网络安全关系国家安全和公民权益。国际标准化组织（ISO）对计算机系统安全的定义是：为数据处理系统建立和采用的技术和管理的安全保护，保护计算机硬件、软件和数据不因偶然和恶意的原因遭到破坏、更改和泄露。计算机网络安全具有三个特性：保密性、完整性和可用性。保密性是指网络资源只能由授权实体存取。完整性是指信息在存储或传输时不被修改、信息包完整，不能被未授权的第二方修改。可用性包括对静态信息的可操作性及对动态信息内容的可见性。没有网络安全，就没有国家安定和人民幸福。网络安全威胁来源于多个方面，从来源地分析，有来自国内的网络威胁，也有来自境外的网络威胁。近年来，网络安全从民间"黑客"攻击向国家有组织大规模攻击转化，网络安全危险显著上升，网络安全已经成为国家安全不可忽视的重要方面。网络安全还有网络设施的安全、网络技术和应用程序的安全、网络信息存储安全、网络信息内容安全监测、网络犯罪预防、网络组织人员的安全管理、网络安全制度体系等。我国针对网络安全出台了多项管理规定和制度，在《中华人民共和国刑法》（以下简称《刑法》）中规定了涉及网络安全的犯罪，采用多种手段打击网络违法犯罪活动，尤其是国家高度重视网络安全，公民网络安全意识和防范能力不断提高。根据《网络安全法》第五条规定，国家采取措施，监测、防御、处置来源于中华人民共和国境内外的网络安全风险和威胁，保护关键信息基础设施免受攻击、侵入、干扰和破坏，依法惩治网络违法犯罪活动，维护网络空间安全和秩序。

1-4 我国推进全球互联网治理体系变革的"四项原则"是什么？

第一，尊重网络主权。《联合国宪章》确立的主权平等原则是当代国际关系的基本准则，覆盖国与国交往的各个领域，其原则和精神也应该适用于网络空间。

第二，维护和平安全。安全稳定繁荣的网络空间，对世界都具有重大意义。

第三，促进开放合作。"天下兼相爱则治，交相恶则乱。"必须坚持同舟共济、互信互利的理念，摈弃零和博弈、赢者通吃的旧观念，坚持开放、合作，实现共赢。

第四，构建良好秩序。网络空间既要提倡自由，也要保持秩序。

1-5 什么是网络通信管制？

网络通信管制，是指为社会公共安全和处置重大突发事件的需要，在一定区域和时期内，切断网络通信服务，暂停网络数据传输的强制措施。处置重大突发事件时实施通信管制是一种必要手段，也是国际上通行的做法，可切断不法分子的通联渠道，避免事态进一步恶化，以维护社会稳定。

从其他国家的法律和实践来看，英国、韩国、俄罗斯等国均在电信法中规定，国家有在紧急状态下暂停或关闭通信服务的权利。2005 年，英国伦敦"7·7"恐怖爆炸发生后，官方曾实行蜂窝通信管制。2011 年，埃及政府为应对国内骚乱，也曾对其境内的互联网和移动通信网络实施通信管制。2016 年 6 月 5 日，哈萨克斯坦发生恐怖袭击，阿克托别市启动反恐红色警戒，暂停网络通信服务。直到 6 月 7 日，阿克托别市才恢复了因紧急情况而进入临时管制的网络通信服务。

除社会事件外，自然灾害发生时通信管制也是备选应急管理手段之一。美国卡特里娜飓风期间，美国联邦通信委员会在加大通信基础设施抢修力度、恢复通信的同时，也限制了部分地区的公众通信，以确保警察、消防等救灾安保部门通信顺畅。

我国《网络安全法》第五十八条规定，因维护国家安全和社会公共秩序，处置重大突发社会安全事件的需要，经国务院决定或者批准，可以在特定区域对网络通信采取限制等临时措施。

2009 年 7 月 5 日，乌鲁木齐发生打砸抢烧严重暴力犯罪事件后，为了稳控当地的局面，新疆维吾尔自治区部分地区对互联网实施了限制措施，互联网与外部网络不能连通。随着局势的稳定，一些专业网站、专业平台、专业信息逐步解除限制，直至解除所有网络管制。

1-6 我国网络安全方面的主要工作是什么？

为维护我国网络安全，应重点做好以下几个方面的工作。

第一，积极推动网络信息安全立法及其实施工作。《网络安全法》的出台和颁布实施，为我国网络安全提供了强有力的法律保障。制定信息安全检查、信息安全管理、通信网络安全防护、互联网安全接入等急需的标准，推动制定相关法律法规，做到有法可依、依法办事。

第二，加快完善信息安全审查制度框架。有计划地开展信息安全审查试点，特别是要加强政府机关重点行业和部门、关键基础设施和云计算服务的信息安全管理，组织实施上述重点部门领域互联网安全接入工程和重点领域信息安全检查。

第三，强化信息安全基础设施和技术手段体系化建设。进一步巩固提升电话用户实名登记工作，开展地下黑色产业链等网络安全环境的治理，特别是抓好"木马僵尸"等病毒的防范，进一步加强对钓鱼网站、移动恶意程序等网络攻击威胁的监测和处理工作，同时配合公安机关开展源头打击，实现标本兼治。

第四，扶持和壮大网络与信息安全产业。重点支持网络与信息安全关键核心技术的突破，加强应用试点示范，发展信息安全产品和服务，构建全产业链协同发展的格局。

第五，推动网络空间国际交流与合作。在网络安全的技术、信息共享、跨境安全事件处置等方面加强国际合作，加强网络与信息安全的宣传教育，组织开展网络安全宣传周等项目活动，提升全社会网络安全意识和自我保护能力。

1-7　国家在保障网络使用权利方面有哪些责任和义务？网民上网义务有哪些？

《网络安全法》明确了国家在网络保障上的责任和义务，国家应当保护公民、法人和其他组织依法使用网络的权利，并根据国家经济社会发展情况，优先发展网络基础设施，促进网络接入普及，尤其是在偏远地区，逐步缩小城乡数字鸿沟，提升网络服务水平，大力构建无线移动网络，为社会提供安全、便利的网络基础设施和网络通信服务。同时，国家应保障网络信息的自由流动不得限制网络发展，也不得限制网络信息的传播。只有在法定的特殊重大事件发生时，有关国家机关才可以实施网络限制措施，这种限制网络信息自由传播的措施，应当十分谨慎，并且尽可能在最小范围和最短期限内实施。国家有义务保障公民网络权利和自由，这是一个社会文明进步的重要体现。

与此相对应，公民、法人和其他组织在上网时，也应遵循最基本的网络安全规则，遵守宪法和法律，尊重社会公德。不得利用网络维护国家和社会公共利益，不得危害国家安全、主权和领土完整，不得利用网络侵害他人的合法权益。这是公民网络行为的基本准则，是公民行使网络言论自由及网络权利的前提和要求。根据《网络安全法》第十二条规定，国家保护公民、法人和其他组织依法使用网络的权利，促进网络接入普及，提升网络服务水平，为社会提供安全、便利的网络服务，保障网络信息依法有序自由流动。任何个人和组织使用网络应当遵守宪法法律，遵守公共秩序，尊重社会公德，不得危害网络安全，不得利用网络从事危害国家安全、荣誉和利益，煽动颠覆国家政权、推翻社会主义制度，煽动分裂国家、破坏国家统一，宣扬恐怖主义、极端主义，宣扬民族仇恨、民族歧视，传播暴力、淫秽色情信息，编造、传播虚假信息扰乱经济秩序和社会秩序，以及侵害他人名誉、隐私、知识产权和其他合法权益等活动。

1-8　我国《刑法》中规定的网络安全或计算机信息犯罪有哪些?

1. 非法侵入计算机信息系统罪

《刑法》第二百八十五条之一规定,违反国家规定,侵入国家事务、国防建设、尖端科学技术领域的计算机信息系统的,处三年以下有期徒刑或者拘役。

2. 非法获取计算机信息系统数据、非法控制计算机信息系统罪

《刑法》第二百八十五条之二规定,违反国家规定,侵入前款规定以外的计算机信息系统或者采用其他技术手段,获取该计算机信息系统中存储、处理或者传输的数据,或者对该计算机信息系统实施非法控制,情节严重的,处三年以下有期徒刑或者拘役,并处或者单处罚金;情节特别严重的,处三年以上七年以下有期徒刑,并处罚金。

3. 提供侵入、非法控制计算机信息系统程序、工具罪

《刑法》第二百八十五条之三规定,提供专门用于侵入、非法控制计算机信息系统的程序、工具,或者明知他人实施侵入、非法控制计算机信息系统的违法犯罪行为而为其提供程序、工具,情节严重的,依照前款的规定处罚。单位犯前三款罪的,对单位判处罚金,并对其直接负责的主管人员和其他直接责任人员,依照各该款的规定处罚。

4. 破坏计算机信息系统罪

《刑法》第二百八十六条规定,违反国家规定,对计算机信息系统功能进行删除、修改、增加、干扰,造成计算机信息系统不能正常运行,后果严重的,处五年以下有期徒刑或者拘役;后果特别严重的,处五年以上有期徒刑。违反国家规定,对计算机信息系统中存储、处理或者传输的数据和应用程序进行删除、修改、增加的操作,后果严重的,依照前款的规定处罚。

故意制作、传播计算机病毒等破坏性程序,影响计算机系统正常运行,后果严重的,依照第一款的规定处罚。

单位犯前三款罪的,对单位判处罚金,并对其直接负责的主管人员和其他直接责任人员,依照第一款的规定处罚。

5. 拒不履行信息网络安全管理义务罪

《刑法》第二百八十六条之一规定,网络服务提供者不履行法律、行政法规

规定的信息网络安全管理义务，经监管部门责令采取改正措施而拒不改正，有下列情形之一的，处三年以下有期徒刑、拘役或者管制，并处或者单处罚金：

致使违法信息大量传播的；

致使用户信息泄露，造成严重后果的；

致使刑事案件证据灭失，情节严重的；

有其他严重情节的。

单位犯前款罪的，对单位判处罚金，并对其直接负责的主管人员和其他直接责任人员，依照前款的规定处罚。

有前两款行为，同时构成其他犯罪的，依照处罚较重的规定定罪处罚。

6. 利用计算机实施犯罪的提示性规定

《刑法》第二百八十七条规定，利用计算机实施金融诈骗、盗窃、贪污、挪用公款、窃取国家秘密或者其他犯罪的，依照本法有关规定定罪处罚。

7. 非法利用信息网络罪

《刑法》第二百八十七条之一规定，利用信息网络实施下列行为之一，情节严重的，处三年以下有期徒刑或者拘役，并处或者单处罚金：

设立用于实施诈骗、传授犯罪方法、制作或者销售违禁物品、管制物品等违法犯罪活动的网站、通信群组的；发布有关制作或者销售毒品、枪支、淫秽物品等违禁物品、管制物品或者其他违法犯罪信息的；

为实施诈骗等违法犯罪活动发布信息的。

单位犯前款罪的，对单位判处罚金，并对其直接负责的主管人员和其他直接责任人员，依照第一款的规定处罚。有前两款行为，同时构成其他犯罪的，依照处罚较重的规定定罪处罚。

8. 帮助信息网络犯罪活动罪

《刑法》第二百八十七条之二规定，明知他人利用信息网络实施犯罪，为其犯罪提供互联网接入、服务器托管、网络存储、通讯传输等技术支持，或者提供广告推广、支付结算等帮助，情节严重的，处三年以下有期徒刑或者拘役，并处或者单处罚金。

单位犯前款罪的，对单位判处罚金，并对其直接负责的主管人员和其他直接责任人员，依照第一款的规定处罚。

有前两款行为，同时构成其他犯罪的，依照处罚较重的规定定罪处罚。

9. 编造、故意传播虚假信息罪

《刑法》第二百九十一条之一规定，投放虚假的爆炸性、毒害性、放射性、传染病病原体等物质，或者编造爆炸威胁、生化威胁、放射威胁等恐怖信息，或者明知是编造的恐怖信息而故意传播，严重扰乱社会秩序的，处五年以下有期徒刑、拘役或者管管制；造成严重后果的，处五年以上有期徒刑。

编造虚假的险情、疫情、灾情、警情，在信息网络或者其他媒体上传播，或者明知是上述虚假信息，故意在信息网络或者其他媒体上传播，严重扰乱社会秩序的，处三年以下有期徒刑、拘役或者管制；造成严重后果的，处三年以上七年以下有期徒刑。

1-9 国家对重大的网络安全事件的监测预警与应急措施有哪些?

第一，国家建立网络安全监测预警和信息通报制度。国家网信部门应当统筹协调有关部门加强网络安全信息收集、分析和通报工作，按照规定统一发布网络安全监测预警信息。

第二，负责关键信息基础设施安全保护工作的部门，应当建立健全本行业、本领域的网络安全监测预警和信息通报制度，并按照规定报送网络安全监测预警信息。

第三，国家网信部门协调有关部门建立健全网络安全风险评估和应急工作机制，制订网络安全事件应急预案，并定期组织演练。负责关键信息基础设施安全保护工作的部门应当制订本行业、本领域的网络安全事件应急预案，并定期组织演练。网络安全事件应急预案应当按照事件发生后的危害程度、影响范围等因素对网络安全事件进行分级，并规定相应的应急处置措施。

第四，网络安全事件发生的风险增大时，省级以上人民政府有关部门应当按照规定的权限和程序，并根据网络安全风险的特点和可能造成的危害，采取下列措施：

要求有关部门、机构和人员及时收集、报告有关信息，加强对网络安全风险的监测；

组织有关部门、机构和专业人员，对网络安全风险信息进行分析评估，预测事件发生的可能性、影响范围和危害程度；

向社会发布网络安全风险预警，发布避免、减轻危害的措施。

第五，发生网络安全事件，应当立即启动网络安全事件应急预案，对网络安全事件进行调查和评估，要求网络运营者采取技术措施和其他必要措施，消除安全隐患，防止危害扩大，并及时向社会发布与公众有关的警示信息。

第六，省级以上人民政府有关部门在履行网络安全监督管理职责中，发现网络存在较大安全风险或者发生安全事件的，可以按照规定的权限和程序对该网络的运营者的法定代表人或者主要负责人进行约谈。网络运营者应当按照要求采取措施，进行整改，消除隐患。省级以上人民政府有关部门可以约谈网络运营者的法定代表人或主要负责人，并要求其采取措施，进行整改，消除危险。

第七，因网络安全事件，发生突发事件或者生产安全事故的，应当依照《中华人民共和国突发事件应对法》《中华人民共和国安全生产法》等有关法律、行政法规的规定处置。

第八，因维护国家安全和社会公共秩序，处置重大突发社会安全事件的需要，经国务院决定或者批准，可以在特定区域对网络通信采取限制等临时措施。

1-10　个人信息被遗忘权的规定是怎样的？

《网络安全法》第四十三条规定，个人发现网络运营者违反法律、行政法规的规定或者双方的约定收集、使用其个人信息的，有权要求网络运营者删除其个人信息；发现网络运营者收集、存储的其个人信息有错误的，有权要求网络运营者予以更正。网络运营者应当采取措施予以删除或者更正。

《最高人民法院关于审理利用信息网络侵害人身权益民事纠纷案件适用法律若干问题的规定》（法释〔2014〕11号）第十二条规定，网络用户或者网络服务提供者利网络公开自然人基因信息、病历资料、健康检查资料犯罪记录、家庭住址、私人活动等个人隐私和其他个人信息，造成他人损害，被侵权人请求其承担侵权责任人民法院应予支持。

1-11　国家网络安全标准方面有何规定？

国家网络安全标准有：GA/T 708—2007《信息安全技术　信息系统安全等级保护体系框架》、GB 17859—1999《计算机信息系统　安全等级保护划分准则》、GB/T 20269—2006《信息安全技术　信息系统安全管理要求》、GB/T 20271—2006《信息安全技术　信息系统通用安全技术要求》、GB/T 20272—2006《信息安全技

术 操作系统安全技术要求》、GB/T 20279—2006《信息安全技术 网络和终端设备隔离部件安全技术要求》、GB/T 20282—2006《信息安全技术 信息系统安全工程管理要求》、GB/T 20984—2007《信息安全技术 信息安全风险评估规范》、GB/T 20988—2007《信息安全技术 信息系统灾难恢复规范》、GB/T 22239—2008《信息安全技术 信息系统安全等级保护基本要求》、GB/T 22240—2008《信息安全技术 信息系统安全保护等级保护定级指南》、GB/T 25058—2010《信息安全技术 信息系统安全等级保护实施指南》、GB/T 25070—2010《信息安全技术 信息系统等级保护安全设计技术要求》、GB/T 20273—2006《信息安全技术 数据库管理系统安全技术要求》、GB/Z 20986—2007《信息安全技术 信息安全事件分类分级指南》、GB/T 28448—2012《信息安全技术 信息系统安全等级保护测评要求》、GB/T 28449—2012《信息安全技术 信息系统安全等级保护测评过程指南》。

国家标准的制定是保障网络安全的重要制度保障。国家标准化管理委员会（SAC）是国务院授权履行行政管理职能，统一管理全国标准化工作的主管机构。国务院有关行政主管部门和有关行业协会也设有标准化管理机构，分工管理本部门本行业的标准化工作。国家标准化管理委员会应会同其他机构建立网络安全标准体系，制定并修改完善有关网络安全管理以及网络产品、服务和运行安全的国家标准、行业标准。

网络安全设备制造企业、网络安全技术和政策研究机构、高等学校、网络相关行业组织具有技术和人才优势，应积极参与网络安全国家标准、行业标准的制定。国家对此持鼓励态度，并出台相关政策予以支持。根据《中华人民共和国网络安全法》第十五条规定，国家建立和完善网络安全标准体系。国务院标准化行政主管部门和国务院其他有关部门根据各自的职责，组织制定并适时修订有关网络安全管理以及网络产品、服务和运行安全的国家标准、行业标准。国家支持企业、研究机构、高等学校、网络相关行业组织参与网络安全国家标准、行业标准的制定。

1-12 党政机关网站在网络安全方面有什么特殊规定？

随着信息技术的广泛深入应用，特别是电子政务的不断发展，党政机关网站作用日益突出，已经成为宣传党的路线方针政策、公开政务信息的重要窗口，成为各级党政机关履行社会管理和公共服务职能、为民办事和了解掌握社情民意的重要平台。但一些单位对网站安全管理重视不够，安全投入相对不足，安全防护手段滞后，安全保障能力不强，网站被攻击、内容被篡改以及重要敏感信息泄露等事件时有发生；一些网站信息发布、转载、链接管理制度不严格，信息内容缺乏严肃性，保密审查制度不落实；党政机关电子邮件安全管理要求不明确，人员安全意识不强，邮件系统被攻击利用、通过电子邮件传输国家秘密信息等问题比较严重，威胁国家网络安全。党政机关网站及电子邮件系统日益成为不法分子和各种犯罪组织的重点攻击对象，安全管理面临更大挑战。

为确保党政机关网站安全运行、健康发展，根据《关于加强党政机关网站安全管理的通知》（中网办发文〔2014〕1号），党政机关网站应遵守以下规定：

第一，严格党政机关网站的开办审核，明确党政网站开办条件和审核要求。各级党政机关以及人大、政协、法院、检察院等机关和部门，开办的党政机关网站主要任务是宣传党和国家方针政策、发布政务信息、开展网上办事。不具有行政管理职能的事业单位原则上不得开办党政机关网站，企业、个人以及其他社会组织不得开办党政机关网站。党政机关网站要使用以".gov.cn""政务.cn"或".政务"为结尾的域名，并及时备案。

第二，党政机关提供网站和邮件服务的数据中心云计算服务平台等要设在境内。采购和使用社会力量提供的网站和电子邮件等服务时，应进行网络安全审查，加强安全监管。

第三，严格党政机关网站信息发布管理。党政机关网站发布的信息主要是本地区本部门本系统的有关政策规定、政务信息、办事指南、便民服务信息等。各地区各部门要建立健全网站信息发布审核和保密审查制度，明确审核审查程序，指定机构和人员负责审核审查工作，建立审核审查记录档案，确保信息内容的准确性、真实性，确保信息内容不涉及国家秘密和内部敏感信息。不得发布广告等经营性信息，严禁发布违反国家规定的信息以及低俗、庸俗、媚俗信息内容。

第四，加强网站链接管理，定期检查链接的有效性和适用性。需要链接非党政机关网站的，须经本单位分管网站安全工作的负责同志批准，链接的资源应与政务等履行职能的活动相关，或者属于便民服务的范围。采取技术措施，做到在用户点击链接离开党政机关网站时以明确提示。

第五，强化党政机关网站应用安全管理。网站开通前要进行安全测评，新增栏目、功能要进行安全评估。加强对网站系统软件、管理软件、应用软件的安全配置管理，做好安全防护工作，消除安全隐患。

第六，加强党政机关网站中留言评论等互动栏目管理，按照信息发布审核和保密审查的要求，对拟发布内容进行审核审查。严格对博客、微博等服务的管理，博客、微博申请注册人员原则上应限于本单位工作人员，信息发布要署实名，内容应与所从事的工作相关。党政机关网站原则上不开办对社会开放的论坛等服务，确需开办的要严格报批并加强管理。

第七，加强党政机关网站中重要政务信息、商业秘密和个人信息的保护，防止未经授权使用、修改和泄露。

第八，建立和规范党政机关网站标识。党政机关网站标识有助于公众识别、区分党政机关网站和非党政关网站，发现和打击仿冒党政机关网站，有助于保证党政机关网站的权威性、严肃性。

第九，加大对仿冒党政机关网站行为的监测力度。科技部、工业和信息化部要组织研制专门技术工具，自动监测发现盗用党政机关网站标识行为和仿冒的党政机关网站。国家互联网信息办公室要组织网络等媒体加强宣传教育，提高公众识别真假党政机关网站的能力。涉嫌违法犯罪的，由公安机关依法处理。

第十，加强党政机关电子邮件安全管理。党政机关工作人员要利用本单位网站邮箱等专用电子邮件系统处理业务工作。严格党政机关专用电子邮件系统注册审批与登记，各单位网站邮箱原则上只限于本单位工作人员注册使用，人员离职后应注销电子邮件账号。各地方可通过统一建设、共享使用的模式，建设党政机关专用电子邮件系统，为本地区党政机关提供电子邮件服务。

第十一，加强电子邮件系统安全防护，综合运用管理和技术措施保障邮件安全。严格电子邮件使用管理，明确电子邮件账号、密码管理要求，不得使用简单密码或长期不更换密码，有条件的单位，应使用数字证书等手段提高邮件账户安全性，防止电子邮件账号被攻击盗用。严禁通过互联网电子邮箱办理涉密业务，存储、处理、转发国家秘密信息和重要敏感信息。

第十二，加强党政机关网站技术防护体系建设。在规划建设党政机关网站时，应按照同步规划、同步建设、同步运行的要求，参照国家有关标准规范，从业务需求出发，建立以网页防篡改、域名防劫持、网站防攻击以及密码技术、身份认证、访问控制、安全审计等为重要措施的网站安全防护体系。切实落实信息安全等级保护等制度要求，做好党政机关网站定级、备案、建设、整改和管理工作，加强党政机关网站移动应用安全管理，提高网站防篡改、防病毒、防攻击、防瘫痪、防泄密能力。

第十三，制订完善党政机关网站安全应急预案，明确应急处置流程、处置权限，落实应急技术支撑队伍，强化技能训练，开展网站应急演练，提高应急处置能力。合理建设或利用社会专业灾备设施，做好党政机关网站灾备工作。采取有效措施提高党政机关网站域名解析安全保障能力。统筹组织专业技术力量对中央和国家机关网站开展日常安全监测，各省、自治区、直辖市将网络安全和信息化领导小组办公室要结合本地实际，组织开展对本地区重点党政机关网站的安全监测。工业和信息化部指导电信运营企业为党政机关网站安全运行提供通信保障。公安机关要加大对攻击破坏党政机关网站等犯罪行为的依法打击力度。国家标准委要加快制定完善有关网站、电子邮件的国家信息安全技术和管理标准。

第十四，明确和落实安全管理责任。明确负责网站的信息审核、保密审查、运行维护、应用管理等业务的机构和人员。加强对领导干部和工作人员的教育培训，提高安全利用网站和电子邮件的意识和技能。

第十五，加大党政机关网站、电子邮件系统的安全检查力度，中央和国家机关各部门网站和省市两级党政机关门户网站、电子邮件系统等每半年进行一次全面的安全检查和风险评估。各级保密行政管理部门要加强对党政机关网站和电子邮件系统信息涉密情况的检查监管。对违反制度规定、有章不循、有禁不止，造成泄密和安全事件的要依法追究责任。

1-13　网信部门和有关部门对网络信息安全的监管职责是什么？

《网络安全法》第五十条规定，国家网信部门和有关部门依法履行网络信息安全监督管理职责，发现法律、行政法规禁止发布或者传输的信息的，应当要求网络运营者停止传输，采取消除等处置措施，保存有关记录对来源于中华人民共和国境外的上述信息，应当通知有关机构采取技术措施和其他必要措施阻断传播。

1-14　网络信息安全投诉举报制度是什么？

《网络安全法》第四十九条规定，网络运营者应当建立网络信息安全投诉、举报制度，公布投诉、举报方式等信息，及时受理并处理有关网络信息安全的投诉和举报。

1-15 《网络安全法》适用哪些单位和哪些人?

《网络安全法》适用除军事网络的安全保护相关单位和人以外的所有单位和个人,军事网络的安全保护由中央军事委员会另行规定(《网络安全法》第七十八条规定)。包含了:网络运营者、主管单位、信息安全产品厂商、信息安全服务商、硬件厂商、应用软件厂商、集成商以及个人。基本涵盖了所有从事IT类的单位、用户、主管单位和个人。

1-16 《网络安全法》中对等级保护工作明确提出要求的有哪几条?

第二十一条规定,国家实行网络安全等级保护制度。网络运营者应当按照网络安全等级保护制度的要求,履行下列安全保护义务,保障网络免受干扰、破坏或者未经授权的访问,防止网络数据泄露或者被窃取、篡改。

第三十一条规定,国家对公共通信和信息服务、能源、交通、水利、金融、公共服务、电子政务等重要行业和领域,以及其他一旦遭到破坏、丧失功能或者数据泄露,可能严重危害国家安全、国计民生、公共利益的关键信息基础设施,在网络安全等级保护制度的基础上,实行重点保护。

第三十八条规定,关键信息基础设施的运营者应当自行或者委托网络安全服务机构对其网络的安全性和可能存在的风险每年至少进行一次检测评估。

1-17 关键信息基础设施的范围如何确定? 中国将采取什么措施加强关键信息基础设施保护?

关键信息基础设施是指面向公众提供网络信息服务或支撑能源、通信、金融、交通、公用事业等重要行业运行的信息系统或工业控制系统,且这些系统一旦发生网络安全事故,会影响重要行业正常运行,对国家政治、经济、科技、社会、文化、国防、环境以及人民生命财产造成严重损失。

关键信息基础设施包括网站类,如党政机关网站、企事业单位网站、新闻网站等;平台类,如即时通信、网上购物、网上支付、搜索引擎、电子邮件、论坛、地图、音视频等网络服务平台;生产业务类,如办公和业务系统、工业控制系统、大型数据中心、云计算平台、电视转播系统等。

关键信息基础设施的确定，通常包括三个步骤，一是确定关键业务，二是确定支撑关键业务的信息系统或工业控制系统，三是根据关键业务对信息系统或工业控制系统的依赖程度，以及信息系统发生网络安全事件后可能造成的损失认定关键信息基础设施（关键信息基础设施确定指南）。

关键信息基础设施保护制度的目的是要确保涉及国家安全、国计民生、公共利益的信息系统和设施的安全，与等级保护制度相比所涉及的范围相对较小。从各国的情况看，具体明确关键信息基础设施相当复杂，是一个在实践中不断完善、不断调整的过程。目前国家互联网信息办公室正会同有关部门按照《网络安全法》的要求，抓紧研究制定相关指导性文件和标准，指导相关行业领域明确关键信息基础设施的具体范围。

加强关键信息基础设施保护，首先是按照《网络安全法》的要求，抓紧制定相关配套制度和标准。要重点做好以下几方面工作：一是要加强关键信息基础设施保护工作的统筹，强化顶层设计和整体防护，避免多头分散、各自为政的情况发生。二是要建立完善责任制，政府主要是加强指导监管，关键信息基础设施运营者要承担起保护的主体责任。三是要加强对从业人员的网络安全教育、技术培训和技能考核，切实提高网络安全意识和水平。四是要做好网络安全信息共享、应急处置等基础性工作，提升关键信息基础设施保护能力。五是要加强关键信息基础设施保护中的国际合作。

1-18 从事地下网络黑产的单位和个人如何处罚？

从事危害网络安全的活动，或者提供专门用于从事危害网络安全活动的程序、工具，或者为他人从事危害网络安全的活动提供技术支持、广告推广、支付结算等帮助，尚不构成犯罪的，由公安机关没收违法所得，处五日以下拘留，可以并处五万元以上五十万元以下罚款；情节较重的，处五日以上十五日以下拘留，可以并处十万元以上一百万元以下罚款。单位有前款行为的，由公安机关没收违法所得，处十万元以上一百万元以下罚款，并对直接负责的主管人员和其他直接责任人员依照前款规定处罚。违反本法第二十七条规定（非法入侵、干扰他人网络正常功能、窃取数据等行为），受到治安管理处罚的人员，五年内不得从事网络安全管理和网络运营关键岗位的工作；受到刑事处罚的人员，终身不得从事网络安全管理和网络运营关键岗位的工作。

1-19 违反了网络安全法会有哪些处罚措施？

①罚款，针对单位的起步 1 万元，100 万元以下，针对直接负责的主管人员和其他直接责任人员起步 5000 元，10 万元以下，网络运营者有违法所得的，没收违法所得并乘以相应倍数进行罚款。②依照有关法律、行政法规的规定记入信用档案，并予以公示。③暂停相关业务、停业整顿、关闭网站、吊销相关业务许可证或者吊销营业执照。④国家机关政务网络的运营者还需由其上级机关或者有关机关责令改正，对直接负责的主管人员和其他直接责任人员依法给予处分。

1-20 网络运营者因自身责任造成个人信息泄露、毁损、丢失的如何处罚？

由有关主管部门责令改正，可以根据情节单处或者并处警告、没收违法所得、处违法所得一倍以上十倍以下罚款，没有违法所得的，处一百万元以下罚款，对直接负责的主管人员和其他直接责任人员处一万元以上十万元以下罚款；情节严重的，并可以责令暂停相关业务、停业整顿、关闭网站、吊销相关业务许可证或者吊销营业执照。

第二节　解读网络安全法

1-21 为什么制定《网络安全法》？

当前，网络和信息技术迅猛发展，已经深度融入我国经济社会的各个方面，极大地改变和影响着人们的社会活动和生活方式，在促进技术创新、经济发展、文化繁荣、社会进步的同时，网络安全问题也日益凸显。一是网络入侵、网络攻击等非法活动，严重威胁着电信、能源、交通、金融，以及国防军事、行政管理等重要领域的信息基础设施的安全，云计算、大数据、物联网等新技术、新应用面临着更为复杂的网络安全环境；二是非法获取、泄露甚至倒卖公民个人信息，侮辱诽谤他人、侵犯知识产权等违法活动在网络上时有发生，严重损害公民、法人和其他组织的合法权益；三是宣扬恐怖主义、极端主义，煽动颠覆国家政权推翻社会主义制度，以及淫秽色情等违法信息，借助网络传播、扩散，严重危害国家安全和社会公共利益。

党的十八大以来，以习近平同志为核心的党中央从总体国家安全观出发，就网络安全问题提出了一系列新思想、新观点、新论断，对加强国家网络安全工作做出重要部署。党的十八届四中全会决定要求完善网络安全保护方面的法律法规。广大人民群众十分关注网络安全，强烈要求依法加强网络空间治理，规范网络信息传播秩序，惩治网络违法犯罪，使网络空间清朗起来。全国人大代表也提出许多议案、建议，呼吁出台网络安全相关立法。为适应国家网络安全工作的新形势新任务，落实党中央的要求，回应人民群众的期待，制定出台了《网络安全法》。

1-22 《网络安全法》的立法目的和主要内容是什么？

《网络安全法》以总体国家安全观为指导，坚持积极利用、科学发展、依法管理、确保安全的方针，充分发挥立法的引领和推动作用，针对当前我国网络安全领域的突出问题，以制度建设提高国家网络安全保障能力，掌握网络空间治理和规则制定方面的主动权，切实维护国家网络空间主权、安全和发展利益。重点内容有两个方面：一是对网络安全做出制度性安排，从网络设备设施安全、网络系统安全、网络信息安全等方面建立和完善相关制度，同时加强个人信息保护，提出了网络实名制、网络管制等规定。二是明确网络营销者、网络产品、服务提供者、网络参与者、网络监督管理部门的法定义务，并规定了违法行为的法律责任。

1-23 制定《网络安全法》的指导思想和原则是什么？

制定《网络安全法》的指导思想是：坚持以总体国家安全观为指导，全面落实党的十八大和十八届三中、四中全会决策部署，坚持积极利用、科学发展、依法管理、确保安全的方针，充分发挥立法的引领和推动作用，针对当前我国网络安全领域的突出问题，以制度建设提高国家网络安全保障能力，掌握网络空间治理和规则制定方面的主动权，切实维护国家网络空间主权、安全和发展利益。

制定《网络安全法》把握了以下几点原则。

第一，坚持从国情出发。根据我国网络安全面临的严峻形势和网络立法的现状，充分总结近年来网络安全工作经验，确立保障网络安全的基本制度框架。重点对网络自身的安全做出制度性安排，同时在信息内容方面也做出相应的规范性规定，从网络设备设施安全、网络运行安全、网络数据安全、网络信息安全等方面建立和完善相关制度，体现中国特色。同时，注意借鉴有关国家的经验，主要制度与国外通行做法是一致的，并对内外资企业同等对待，不实行差别待遇。

第二，坚持问题导向。《网络安全法》是网络安全管理方面的基础性法律，主要针对实践中存在的突出问题，将近年来一些成熟的好做法作为制度确定下来，为网络安全工作提供切实法律保障。对一些确有必要但尚缺乏实践经验的制度安排做出原则性规定，同时注重与已有的相关法律法规相衔接，并为需要制定的配套法规预留接口。

第三，坚持网络安全与信息化发展并重。网络安全和信息化是一体之两翼，驱动之双轮。维护网络安全，必须处理好与信息化发展的关系，坚持以安全保发展、以发展促安全的要求，通过保障安全为发展提供良好环境。本法注重在对网络安全制度做出规范的同时，注意保护各类网络主体的合法权利，保障网络信息依法、有序、自由流动，促进网络技术创新和信息化持续健康发展。

1-24 《网络安全法》的适用范围是什么？

根据《网络安全法》第二条规定，在中华人民共和国境内建设、运营、维护和使用网络，以及网络安全的监督管理，适用本法。

本法的适用范围是中华人民共和国境内。适用领域是网络的建设、运营、维护和使用以及网络的监督管理。涉及的主体主要是网络运营商、网络服务商、网络平台、与网络安全相关的国家管理机关、事业单位和相关组织、广大网民。

1-25 《网络安全法》在保障网络运行安全方面有哪些规定？

保障网络运行安全，必须落实网络运营者第一责任人的责任。据此，《网络安全法》将现行的网络安全等级保护制度上升为法律，要求网络运营者按照网络安全等级保护制度的要求，采取相应的管理措施和技术防范等措施，履行相应的网络安全保护义务。

《网络安全法》第二十一条规定，国家实行网络安全等级保护制度。网络运营者应当按照网络安全等级保护制度的要求，履行安全保护义务，保障网络免受干扰、破坏或者未经授权的访问，防止网络数据泄露或者被窃取、篡改，具体内容包括5个方面：

（1）制定内部安全管理制度和操作规程，确定网络安全负责人，落实网络安全保护责任；

（2）采取防范计算机病毒和网络攻击、网络侵入等危害网络安全行为的技术措施；

（3）采取监测、记录网络运行状态、网络安全事件的技术措施，并按照规定留存相关的网络日志不少于六个月；

（4）采取数据分类、重要数据备份和加密等措施；

（5）法律、行政法规规定的其他义务。

为了规范信息安全等级保护管理，提高信息安全保障能力和水平，公安部等四部委下发《信息安全等级保护管理办法》。其中将信息系统的安全保护等级分为以下五级：

第一级，信息系统受到破坏后，会对公民、法人和其他组织的合法权益造成损害，但不损害国家安全、社会秩序和公共利益。

第二级，信息系统受到破坏后，会对公民、法人和其他组织的合法权益产生严重损害，或者对社会秩序和公共利益造成损害，但不损害国家安全。

第三级，信息系统受到破坏后，会对社会秩序和公共利益造成严重损害，或者对国家安全造成损害。

第四级，信息系统受到破坏后，会对社会秩序和公共利益造成特别严重损害，或者对国家安全造成严重损害。

第五级，信息系统受到破坏后，会对国家安全造成特别严重损害。

1-26 《网络安全法》在保障网络传播信息安全方面有哪些规定？

2012年，全国人大常委会《关于加强网络信息保护的决定》（以下简称《决定》）对规范网络信息传播活动做了原则规定。本法坚持《决定》确立的原则，进一步完善了相关管理制度。一是确立《决定》规定的网络身份管理制度即网络实名制，以保障网络信息的可追溯。二是明确网络运营者处置违法信息的义务，规定网络运营者发现法律、行政法规禁止发布或者传输的信息的，应当立即停止传输，采取消除等处置措施，防止信息扩散，保存有关记录，并向有关主管部门报告。三是发送电子信息、提供应用软件不得含有法律、行政法规禁止发布或者传输的信息。四是为维护国家安全和侦查犯罪的需要，侦查机关依照法律规定，可以要求网络运营者提供必要的支持与协助。五是赋予有关主管部门处置违法信息、阻断违法信息传播的权力。

1-27 《网络安全法》颁布实施对于我国网络发展有何重要影响？

网络安全是全球面临的新问题、新挑战，并将长期存在。网络安全与政治安全、经济安全、文化安全、社会安全、军事安全等领域相互渗透，相互影响，是各国都要面对的复杂而现实的非传统安全问题之一。

当今世界，以互联网为代表的信息技术日新月异，网络空间成为重要的人类活动新领域。各国对信息通信技术的依赖度都非常高，网络空间性质决定了很多不同目的的团体对目标发动攻击比防御要容易得多。世界范围内侵害个人隐私、侵犯知识产权、网络犯罪等时有发生，网络监听、网络攻击、网络恐怖主义活动等成为全球公害。一方面，我国是网民人数最多、网络应用服务发展最迅猛、信息技术产品服务市场需求最大的信息化发展中大国；另一方面，我国是世界上受黑客攻击、病毒侵袭次数最多、频率最高的国家之一，是网络攻击的主要受害者。网络安全事关我国国家安全和社会稳定，事关人民群众的切身利益。《网络安全法》出台具有重大而深远的影响。

1. 促进国际安全合作

互联网治理和全球网络空间安全，是摆在世界各国面前的共同议题和紧迫任务。面对网络黑客攻击这一"共同威胁"与"全球公害"，国际基本共识和态势是加强网络空间的防御。各国应本着相互尊重、相互信任的原则，深化国际合作，尊重网络主权，维护网络安全，共同构建和平、安全、开放、合作的网络空间，建立多边、民主、透明的国际互联网治理体系。美国时任国务卿基辛格在《世界秩序》一书中指出，网络空间使得国家间的相互联系与相互依赖达到了前所未有的程度，这就决定了网络已经把各国打造成为"共同体"，网络安全与稳定是各国的共同利益，合作才是应对网络威胁的有效途径。从 1998 年开始，美国政府就针对确保网络安全制定了政策。中国作为网络空间的大国和积极建设者，制定《网络安全法》可以为维护网络空间安全起到表率作用，为国际合作奠定基础，促进与各国间就网络安全事务达成共识、加强合作。

2. 是保障国家安全的基本要求

没有网络安全就没有国家安全。网络安全已经成为信息时代国家安全的战略基石。各个领域的安全问题都定与网络安全问题密切相关。政治领域的意识形态斗争暗流涌动、经济领域的网络犯罪频繁发生、社会领域的网络攻击日益猖獗、军事领域的作战方式加速转型、科技国领域的网络窃密时有发生，传统领域的安全问题在网络空间下发生催化与变异。网络空间作为国际战略博弈的加新领域，对国家主权及国防安全提出新的挑战。围绕网络安全从国家安全的战略高度认识网络安全，是维护国家安全的时代诉求。要正确认识网络发展与安全保障之间的关系：一方面，通过限制网络应用，拒绝开放共享的方式，换不来持久安全；另一方面，不考虑安全因素的快速网络发展，最终将得不偿失。制定和实施《网络安全法》有助于科学治理和化解信息化发展中的网络安全问题与风险，掌握国家网络安全战略的主动权，维护网络空间的主权。

3. 适应新时代生产生活方式

当前，网络空间使得国家间的相互联系达到了前所未有的程度，网络深度融入经济社会发展，更深刻影响和改变着人们的生产生活方式。各国的信息通信技术贸易、产业领域都已深度融入了全球供应链体系，相互依赖、不可分割。各国网络商家通过网络在全球拓展业务，努力促进商业交易等领域的网络合作。越来越多的人通过互联网获取信息、学习交流、购物娱乐、创业兴业。与此同时，网络安全问题也相伴而生，侵犯个人隐私、窃取个人信息、诈骗网民钱财等违法犯罪行为猖獗，网上黄赌毒、网络谣言等屡见不鲜，已成为影响公共安全的突出问题。我国个人互联网使用的安全状况不容乐观。根据 2016 年 1 月发布的《第37 次中国互联网络发展状况统计报告》，2015 年 42.7% 的网民遭遇过网络安全问题。在安全事件中，电脑或手机中病毒或木马、账号或密码被盗的情况最为严重，分别达到 24.2% 和 22.9%，在网络上遭遇消费欺诈的比例为 16.4%。维护网络安全就是维护每个公民的安全，清理整治网络有害信息和打击不法行为迫在眉睫、刻不容缓。制定《网络安全法》有助于保障社会公共利益，保护公民、法人和其他组织的合法权益，促进经济社会信息化健康发展。

1-28 《网络安全法》提出的"安全可信"是什么含义?

安全可信与自主可控、安全可控一样,至少包括以下三个方面含义:

一是保障用户对数据可控,产品或服务提供者不应该利用提供产品或服务的便利条件非法获取用户重要数据,损害用户对自己数据的控制权;

二是保障用户对系统可控,产品或服务提供者不应通过网络非法控制和操纵用户设备,损害用户对自己所拥有、使用设备和系统的控制权;

三是保障用户的选择权,产品和服务提供者不应利用用户对其产品和服务的依赖性,限制用户选择使用其他产品和服务,或停止提供合理的安全技术支持,迫使用户更新换代,损害用户的网络安全和利益。

安全可信没有国别和地区差异,国内外企业和产品都应该符合安全可信的要求。

1-29 《网络安全法》对公民个人信息保护制度有哪些?

个人信息,是指以电子或者其他方式记录的能够单独或者与其他信息结合识别自然人个人身份的各种信息包括但不限于自然人的姓名、出生日期、身份证件号码个人生物识别信息、住址、电话号码等。

1. 扩展了个人信息保护的范围

《网络安全法》第二十二条第二款规定:"网络产品、服务具有收集用户信息功能的,其提供者应当向用户明示并取得同意;涉及用户个人信息的,还应当遵守本法和有关法律、行政法规关于个人信息保护的规定。"法律规定的内容是用户个人信息,而非仅仅是个人隐私,扩展了公民个人信息的保护范围。而且,只要网络产品或服务具有收集个人信息功能的,就要明示、告知并取得用户同意。比如,特定手机软件也许不会将个人通信录信息收集起来,但是其会实时调取个人通信录信息进行相关数据分析、完成特定任务(比如骚扰电话识别)。在这种情况下,虽然还没有达到收集个人信息的程度,但由于其对公民个人信息具有实时读取功能,也必须征求消费者本人同意,并且具备相关的安全措施,以确保公民个人信息的安全。

2. 强化了服务商在用户信息泄露后的告知义务

《网络安全法》第四十二条规定："网络运营者应当采取技术措施和其他必要措施，确保其收集的个人信息安全，防止信息泄露、毁损、丢失。在发生或者可能发生个人信息泄露、毁损、丢失的情况时，应当立即采取补救措施按照规定及时告知用户并向有关主管部门报告。"

将个人信息泄露告知范围扩展到所有用户，强化相关服务商在信息泄露后的告知义务。我们知道，一些重联网服务商在互联网服务发生大规模信息泄露侵犯消费者权益的时候，往往不愿意及时告知消费者真实信息，如果仅仅规定其告知"可能受到影响的用户"，则会出现一些服务商玩弄文字游戏，人为缩小"可能受到影响的用户"的情况。法律明确要求服务商在信息泄露时要及时告知所有用户，这就避免了可能出现的隐而不报的情况。

3. 完善了互联网个人信息删除更正制度

《网络安全法》第四十三条规定："个人发现网络运营者违反法律、行政法规的规定或者双方的约定收集、使用其个人信息的，有权要求网络运营者删除其个人信息；发现网络运营者收集、存储的其个人信息有错误的，有权要求网络运营者予以更正。网络运营者应当采取措施予以删除或者更正。"网络运营者在个人提出要求时，具有删除或更正的法律义务，即当个人在发现网络运营者收集、存储的其个人信息有错误且要求删除更正时，网络运营者有义务根据实际情况予以删除、更正，这就完善了互联网个人信息删除更正制度，从另一个侧面强化了对公民个人信息的保护。

1-30 我国《网络安全法》规定的网络实名制有何特点？

我国实行的是有限网络实名制。《网络安全法》第二十四条规定，在网络接入、域名注册服务，固定电话、移动电话等入网手续，或者为用户提供信息发布、即时通信等服务时，应当提供真实身份信息。《网络安全法》明确了实名制的范围，而非所有的网络行为都需要实名制。比如微信、微博、社交应用软件、即时通信工具的注册和使用，仍然可以使用匿名信息，不必向运营商或者服务商提供真实身份。

网络实名制之所以引起人们如此重视，是因为网络实名的背后交缠着"言论自由""舆论监督""避免公权力侵害""因言获罪的担忧""个人信息保密与维护"等众多法律问题。网络已经成为公民表达意见、参与政治与社会生活的主要途径之一，网络实名制进程将会对公民既存的言论自由"权利—义务—责任"体系造成改变、产生冲击。

政府推动实名制，是一种公权力行为，公民选择实名或匿名在网络上发言，属于一种私权利行为。以公权力限制私权利，必须有正当且必要的理由。实名制之利在于社会公益，可以有效杜绝网络谣言、诽谤，净化网络环境。而实名制之弊在于缩减了公民的言论空间及其隐蔽性，将个人信息更多地暴露于公权力的监管之下。就行政机关推动实名制的本意而言，是为了更好地维持社会秩序、净化网络环境，其目的是正当的。然而，行政行为的正当性根源在于民意基础，应符合公民全体或绝大部分的意愿。除目的正当、手段正当之外，考量网络实名制正当性还应从权益保护的比例关系来看，力求社会公益与公民私权达成平衡。任何制度都是对权利的限制，但是正当的限制是一种对公民权利和自由的保障，而不正当的限制就是妨害。

1-31 违反《网络安全法》的行为如何记入信用档案?

《网络安全法》第七一条规定，有本法规定的违法行为的，依照有关法律、行政法规的规定记入信用档案，并予以公示。

《网络安全法》第七十一条的目的是进一步加大对违反《网络安全法》行为的惩戒力度。

根据 2013 年 3 月 15 日起施行的《征信业管理条例》，中国人民银行及其派出机构依法对征信业进行监督管理。该条例进一步明确，设立经营个人征信业务的征信机构，应当符合《中华人民共和国公司法》规定的公司设立条件和《征信业管理条例》设定的条件，并经国务院征信业监督管理部门批准。除社会机构根据上述规定依法设立的征信机构外，国家还设立了金融信用信息基础数据库，由中国人民银行监督管理。

此外，一些组织包括政府机构在开展工作的过程中，也建立了本组织范围内的"诚信档案"，如招考机构对考生建立的"诚信档案"，这是一种内部的管理行为。《网络安全法》中的信用档案是个统称的概念，未限定违法行为记入哪一类信用档案。鼓励各类征信机构或建有信用档案的机构将是否违反网络安全法作为评价企业或个人信用的重要参考。

1-32 《网络安全法》规定，"网络运营者应当加强对其用户发布的信息的管理，发现法律、行政法规禁止发布或者传输的信息的，应当立即停止传输该信息"，这是否会侵害个人隐私，妨碍网上言论自由？

中国坚持积极利用、科学发展、依法管理、确保安全的方针，在推进互联网发展，加强互联网管理过程中，充分保障人权和言论自由，充分尊重广大人民群众的知情权、参与权、表达权和监督权。同时，也强调任何人、任何机构都应该对自己在网上的言行负责，个人的自由不应以损害他人的自由和社会公共利益为代价，任何人和机构都有义务自觉维护网络秩序，自觉维护网络安全。

对这条规定有两点理解：①针对的是用户公开发布的信息，而不是个人通信信息，不会损害个人隐私；②要求停止传输的是违法信息，不存在妨碍言论自由问题。

1-33 《网络安全法》规定，个人有权要求网络运营者删除个人信息和纠正不准确的个人信息，这是否会加重企业负担、妨碍企业发展？

《网络安全法》第四十三条规定，个人发现网络运营者违反法律、行政法规的规定或者双方的约定收集、使用其个人信息的，有权要求网络运营者删除其个人信息；发现网络运营者收集、存储的其个人信息有错误的，有权要求网络运营者予以更正。

网络运营者应当采取措施予以删除或者更正。《网络安全法》规定，个人发现网络运营者违反法律、行政法规的规定或者双方的约定收集、使用其个人信息的，有权要求网络运营者删除其个人信息。这包括，即使网络运营者没有违反法律、行政法规的规定，但超出与当事人约定的个人信息保存时限的，也应当删除个人信息，不得在未进行匿名化处理的前提下继续保存和使用。这就是俗称的"被遗忘权"。

采取更加严格的措施保护个人信息安全、维护个人利益，已经成为各国共识。《网络安全法》中关于删除和纠正个人信息的规定，在欧盟《通用数据保护条例》、美国《消费者隐私权利法案》等文件中都有类似表述。

企业和机构应该把保护个人信息安全和信息的准确性作为应尽义务，而不应视为额外负担。与此同时，在法律的实施过程中，要科学平衡保障安全和促进企业创新的关系，既充分保障个人信息安全，又不妨碍企业创新和发展。

1-34 《网络安全法》规定，网络运营者应当加强对其用户发布的信息的管理，这是否会妨碍网上言论自由和信息自由流动？

《网络安全法》第四十七条规定，网络运营者应当加强对其用户发布的信息的管理，发现法律、行政法规禁止发布或者传输的信息的，应当立即停止传输该信息，采取消除等处置措施，防止信息扩散，保存有关记录，并向有关主管部门报告。

中国坚持积极利用、科学发展、依法管理、确保安全的方针，在推进互联网发展、加强互联网管理的过程中，充分保障人权和言论自由，充分尊重广大人民群众的知情权、参与权、表达权和监督权。同时，也强调任何人、任何机构都对自己在网上的言行负责，个体的自由不应以损害他人的自由和社会公共利益为代价，任何个人和机构都有义务自觉维护网络秩序，自觉维护网络安全。

对这条规定有两点理解：第一，针对的是用户公开发布的信息，而不是个人通信信息，不会侵害用户通信自由和通信秘密；第二，要求停止传输的是违法信息不存在妨碍言论自由问题。

1-35 关键信息基础设施的运营者不履行《网络安全法》规定的义务，应承担什么责任？

第一，关键信息基础设施的运营者违反本法第三十五条规定，使用未经安全审查或者安全审查未通过的网络产品或者服务的，由有关主管部门责令停止使用，处采购金额 1 倍以上 10 倍以下罚款；对直接负责的主管人员和其他直接责任人员处 1 万元以上 10 万元以下罚款。

第二，关键信息基础设施的运营者不履行本法规定的网络安全保护义务的，由有关主管部门责令改正，给予警告；拒不改正或者导致危害网络安全等后果的，处 10 万元以上 100 万元以下罚款，对直接负责的主管人员处 1 万元以上 10 万元以下罚款。

第三，关键信息基础设施的运营者违反本法规定，在境外存储网络数据，或者向境外提供网络数据的，由有关主管部门责令改正，给予警告，没收违法所得，处 5 万元以下罚款，并可以责令暂停相关业务、停业整顿、关闭网站、吊销相关业务许可证或者吊销营业执照；对直接负责的主管人员和其他责任人员处 1 万元以上 10 万元以下罚款。

1-36 《网络安全法》规定，"网络关键设备和网络安全专用产品应当按照相关国家标准的强制性要求，由具备资格的机构安全认证合格或者安全检测符合要求后，方可销售或者提供"，这条如何执行？

国家互联网信息办公室、工业和信息化部、公安部、国家认监委即将发布第一批网络关键设备和网络安全专用产品目录。列入这一目录的设备和产品，应该按照有关国家标准的强制性要求，由具备资格的机构进行认证或检测。此前，已经按照国家有关规定检测符合要求或认证合格的，在有效期内无须进行认证或检测。

1-37 《网络安全法》提出数据应当留存在境内，会不会限制数据跨境流动，影响公民出国旅游和企业跨国贸易？

《网络安全法》第三十七条规定，关键信息基础设施的运营者在中华人民共和国境内运营中收集和产生的个人信息和重要数据应当在境内存储。因业务需要，确需向境外提供的，应当按照国家网信部门会同国务院有关部门制定的办法进行安全评估；法律、行政法规另有规定的，依照其规定。

《网络安全法》要求关键信息基础设施运营者在中国境内运营中收集和产生的个人信息及重要数据应当在中国境内存储，确需出境的，应当按规定进行安全评估目的是维护国家网络安全、保护公民个人利益。

落实法律的要求，要把握以下几点：

一是法律没有要求所有数据都留在境内，只是对个人信息和重要数据做出要求，而且为确需出境的数据留下了"出口"；

二是对于个人信息而言，经个人明示同意后可以出境，但是，个人主动购买国际机票、拨打海外电话、向境外发送电子邮件等情况，视为已经获得个人同意；

三是法律中的重要数据是对国家而言属于重要的，而不是针对企业和个人。

1-38 《网络安全法》要求采取技术措施和其他必要措施阻断境外非法信息的传播，这是否意味着要对国外网站进行更严格的封堵？

《网络安全法》第五十条规定，国家网信部门和有关部门依法履行网络信息安全监督管理职责，发现法律、行政法规禁止发布或者传输的信息的，应当要求网络运营者停止传输，采取消除等处置措施，保存有关记录；对来源于中华人民共和国境外的上述信息，应当通知有关机构采取技术措施和其他必要措施阻断传播。

现实世界中，无论是企业还是个人，进入哪个国家就要遵从哪个国家的法律法规要求，任何非法行为都会受到法律的制裁。当前，网络已经成为经济发展生产生活的重要平台，网络空间不是法外之地。在中国境内的网络，包括网络上的信息及与网络相关的行为，都必须遵守中国的法律。《网络安全法》要求阻断的是非法信息的传播，目的是保障网络信息依法、自由、有序流动。

1-39 《网络安全法》对于推动电力行业网络安全工作有何重要意义？

《网络安全法》作为我国网络空间安全管理方面的根本大法，将原来散见于各种法规、规章中的规定上升到法律层面，必将极大地推动包括电力行业在内的各行业、各领域的网络安全工作，主要体现在：

一是《网络安全法》从法律层面上明确了有关各方的网络安全义务和责任，加大了违法惩处力度，有助于强化责任落实，夯实网络安全工作的基础；

二是《网络安全法》中明确了对关键信息基础设施实施重点保护的原则以及相应的措施，这意味着能从国家层面有效协调和集中各种资源，对包括电力监控系统在内的各种关系国计民生的关键信息基础设施实施重点保护，与以往的仅靠单个行业或者企业的力量开展网络安全工作相比，无疑是一个巨大的进步。

1-40　为了贯彻落实好《网络安全法》，电力行业各有关单位应做好哪些工作？

要贯彻落实好《网络安全法》，电力行业各单位重点要做好以下几方面的工作。

一是要树立正确的网络安全观，进一步把电力行业网络安全工作推向深入。要认真学习领会《网络安全法》的核心精神，准确把握全面建成小康社会目标和能源工业发展对电力行业网络安全工作的要求，以对党和人民高度负责的精神，切实增强做好电力行业网络安全工作的责任感和使命感。要坚持把电力网络安全放到与电力生产安全同等重要的位置，持续强化风险意识，时刻保持清醒头脑，有效落实网络安全责任，切实履职尽责，为全面建成小康社会提供安全可靠的电力保障。

二是强化顶层设计，进一步完善电力行业网络安全工作规章制度体系。要按照《网络安全法》《网络产品和服务安全审查办法（试行）》等重要法律法规要求，研究建立电力行业关键信息基础设施安全保护、网络审查等重要工作制度，加强关键信息基础设施保护。

三是坚持齐抓共管，进一步加强电力行业网络安全工作监督管理。各单位要进一步充实网络安全部门人员和技术力量，明确各相关部门网络安全职责，加强协作，齐抓共管，共同维护网络安全。要组织对电力行业网络安全风险进行全面的评估和隐患排查，摸清网络安全"家底"，制订化解和应对安全风险的工作方案。要继续针对行业中存在的重点难点和突出问题开展专项监管，坚持发现问题、披露问题、解决问题，补齐行业网络安全工作"短板"。

四是加强应急管理，进一步提高电力行业网络安全应急响应能力。要建立健全电力行业网络安全监测预警和应急响应工作机制，制订完善电力网络安全应急预案，加强对重要网站和信息系统的监测，加强信息报送和情报共享，提高对风险的感知能力和化解能力。

五是加强能力建设，不断提升电力行业网络安全从业人员和技术队伍的专业素养和履职能力。要强化网络安全专业支撑队伍建设，完善人才选拔和培养机制，形成行业特色明显、专业实力突出的网络安全人才梯队。要健全电力行业网络安全人才培训体系建设，持续开展网络安全意识、技能与能力建设。

1-41 《网络安全法》是如何保障网络数据安全的？

随着云计算、大数据等技术的发展和应用，网络数据安全对维护国家安全、经济安全，保护公民合法权益，促进数据利用至为重要。为此，本法做了以下规定：一是要求网络运营者采取数据分类、重要数据备份和加密等措施，防止网络数据被窃取或者篡改。二是加强对公民个人信息的保护，防止公民个人信息数据被非法获取、泄露或者非法使用。三是要求关键信息基础设施的运营者在境内存储公民个人信息等重要数据。确需在境外存储或者向境外提供的，应当按照规定进行安全评估。

1-42 在网络监测预警与应急处置方面《网络安全法》有哪些规定？

为了加强国家的网络安全监测预警和应急制度建设提高网络安全保障能力，本法做了以下规定：一是要求国务院有关部门建立健全网络安全监测预警和信息通报制度，加强网络安全信息收集、分析和情况通报工作。二是建立网络安全应急工作机制，制订应急预案。三是规定预警信息的发布及网络安全事件应急处置措施。四是为维护国家安全和社会公共秩序，处置重大突发社会安全事件，对网络管制做了规定。

1-43 如何理解国家网信部门负责统筹协调网络安全工作？

《网络安全法》第八条规定，国家网信部门负责统筹协调网络安全工作和相关监督管理工作。国务院电信主管部门、公安部门和其他有关机关依照本法和有关法律、行政法规的规定，在各自职责范围内负责网络安全保护和监督管理工作。县级以上地方人民政府有关部门的网络安全保护和监督管理职责，按照国家有关规定确定。

《网络安全法》明确国家网信部门统筹协调国家网络安全工作，主要是网络安全政策、信息、资源、事件处置的统筹协调，重点包括以下四方面。

一是《网络安全法》明确的统筹协调工作，包括：第三十九条规定的协调有关部门加强对关键信息基础设施的安全保护；第五十一条规定的协调有关部门加强网络安全信息收集、分析和通报工作，按照统一规定发布网络安全监测预警信息；第五十三条规定的协调有关部门建立健全网络安全风险评估和应急工作机制，制订网络安全事件应急预案，并定期组织演练。

二是根据部门职能和中央的要求，应该承担的统筹协调工作，包括：组织拟定国家网络安全战略、规划等；统筹协调国家网络安全保障体系和可信体系建设；组织起草关键信息基础设施保护条例、数据安全保护办法等；指导组织国家网络安全标准的制定；指导督促党政军部门、重点行业网络安全保障工作；推进网络安全人才培养工作等。

三是《网络安全法》中有些工作任务未明确责任主体的，应该通过统筹协调进一步推进，如国家支持研究开发有利于未成年人健康成长的网络产品和服务；国务院和各地方人民政府应当统筹规划，加大投入，扶持重点网络安全技术产业和项目等。

四是《网络安全法》中多次提到了"按规定"但目前还没有规定的事项。对于没有规定的或规定不完善的，要统筹协调、抓紧制定和完善相关规定。

1-44 如何理解国家网信部门负责网络安全相关监督管理工作？

《网络安全法》第八条规定，国家网信部门负责统筹协调网络安全工作和相关监督管理工作。国务院电信主管部门、公安部门和其他有关机关依照本法和有关法律、行政法规的规定，在各自职责范围内负责网络安全保护和监督管理工作。县级以上地方人民政府有关部门的网络安全保护和监督管理职责，按照国家有关规定确定。

一是《网络安全法》中明确了由国家网信部门承担的管理工作，主要包括：①受理和处置网络安全举报；②对出境数据组织安全评估；③对可能影响国家安全的产品和服务组织网络安全审查；④制定网络关键设备和网络安全专用产品目录；⑤发现法律法规禁止发布或者传输的信息时，应当要求网络运营者停止传输；⑥对来源于境外的违法信息，通知有关机构采取技术措施和其他必要措施，阻断传播。

二是根据国家有关要求，明确了由网信部门为主承担的网络安全工作，包括：①具体承担网络内容安全管理工作；②组织开展网络安全宣传教育活动等。

三是《网络安全法》中虽未明确具体部门，但有关规定在实施时实际由网信部门为主，承担工作。如第五十二条规定，负责关键信息基础设施安全保护工作的部门，应当按照规定报送网络安全监测预警信息，这里要求的信息应向网络安全应急办所在的网信部门报送。

1-45 如何理解电子信息发送服务提供者和应用软件下载服务提供者的安全管理义务？

《网络安全法》第四十八条规定，任何个人和组织发送的电子信息、提供的应用软件，不得设置恶意程序，不得含有法律、行政法规禁止发布或者传输的信息。电子信息发送服务提供者和应用软件下载服务提供者，应当履行安全管理义务，知道其用户有前款规定行为的，应当停止提供服务，采取消除等处置措施，保存有关记录，并向有关主管部门报告。

《网络安全法》第四十八条规定了电子信息发送服务和应用软件下载服务提供者的安全管理义务。理解此条时，需要把握电子信息发送和应用软件下载的重大区别。前者可能涉及点对点的个人通信，公民的通信自由和通信秘密受《中华人民共和国宪法》保护。因此，电子信息发送服务提供者在"知道"其用户在发送的电子信息中设置了恶意程序，或含有法律、行政法规禁止发布或者传输的信息，才可采取处置措施。但这不意味着电子信息发送服务提供者可以监测用户的点对点通信内容。但是，当信息的接收者达到一定规模，已经不属于个人通信时，电子信息发送服务提供者还是应当履行对信息的监测义务。

1-46 全国人民代表大会对于网络公民个人电子信息保护的规定是什么？

为了保护网络信息安全，保障公民、法人和其他组织的合法权益，维护国家安全和社会公共利益，2012 年 12 月 28 日第十一届全国人民代表大会常务委员会第三十次会议通过《全国人民代表大会常务委员会关于加络信息保护的决定》，对公民个人信息保护做出了全面规定。

第一，国家保护能够识别公民个人身份和涉及公民个人隐私的电子信息。

任何组织和个人不得窃取或者以其他非法方式获取公民个人电子信息，不得出售或者非法向他人提供公民个人电子信息。

第二，网络服务提供者和其他企业事业单位在业务活动中收集、使用公民个人电子信息，应当遵循合法、正当、必要的原则，明示收集、使用信息的目的、方式和范围，并经被收集者同意，不得违反法律、法规的规定和双方的约定收集、使用信息。

网络服务提供者和其他企业事业单位收集、使用公民个人电子信息，应当公开其收集、使用规则。

第三，网络服务提供者和其他企业事业单位及其工作员对在业务活动中收集的公民个人电子信息必须严整保密，不得泄露、篡改、毁损，不得出售或者非法向他人提供。

第四，网络服务提供者和其他企业事业单位应当采取措施和其他必要措施，确保信息安全，防止企业活动中收集的公民个人电子信息泄露、毁损、丢失。发生或者可能发生信息泄露、毁损、丢失的情况时应当立即采取补救措施。

第五，网络服务提供者应当加强对其用户发布的信息的管理，发现法律、法规禁止发布或者传输的信息就应当立即停止传输该信息，采取消除等处置措施，保存有关记录，并向有关主管部门报告。

第六，网络服务提供者为用户办理网站接入服务，办理固定电话、移动电话等入网手续，或者为用户提信息发布服务，应当在与用户签订协议或者确认服务时，要求用户提供真实身份信息。

第七，任何组织和个人未经电子信息接收者同意或者请求，或者电子信息接收者明确表示拒绝的，不得向其固定电话、移动电话或者个人电子邮箱发送商业性电子信息。

第八，公民发现泄露个人身份、散布个人隐私等侵害其合法权益的网络信息，或者受到商业性电子信息侵扰的，有权要求网络服务提供者删除有关信息或者采取其他必要措施予以制止。

第九，任何组织和个人对窃取或者以其他非法方式获取、出售或者非法向他人提供公民个人电子信息的违法犯罪行为以及其他网络信息违法犯罪行为，有权向有关主管部门举报、控告；接到举报、控告的部门应当依法及时处理。被侵权人可以依法提起诉讼。

第十，有关主管部门应当在各自职权范围内依法履行职责，采取技术措施和其他必要措施，防范、制止和查处窃取或者以其他非法方式获取、出售或者非法向他人提供公民个人电子信息的违法犯罪行为以及其他网络信息违法犯罪行为。

有关主管部门依法履行职责时，网络服务提供者应当予以配合，提供技术支持。

国家机关及其工作人员对在履行职责中知悉的公民个人电子信息应当予以保密，不得泄露、篡改、毁损，不得出售或者非法向他人提供。

第十一，对有违反本决定行为的，依法给予警告、罚款、没收违法所得、吊销许可证或者取消备案、关闭网站、禁止有关责任人员从事网络服务业务等处罚，记入社会信用档案并予以公布；构成违反治安管理行为的，依法给予治安管理处罚。构成犯罪的，依法追究刑事责任。侵害他人民事权益的，依法承担民事责任。

1-47　我国网络安全方面的主要工作是什么？

为维护我国网络安全，应重点做好以下几个方面的工作。

第一，积极推动网络信息安全立法及其实施工作。《网络安全法》的出台和颁布实施，为我国网络安全提供了强有力的法律保障。制定信息安全检查、信息安全管理、通信网络安全防护、互联网安全接入等急需的标准，推动制定相关法律法规，做到有法可依、依法办事。

第二，加快完善信息安全审查制度框架。有计划地开展信息安全审查试点，特别是要加强政府机关重点行业和部门、关键基础设施和云计算服务的信息安全管理，组织实施上述重点部门领域互联网安全接入工程和重点领域信息安全检查。

第三，强化信息安全基础设施和技术手段体系化建设。进一步巩固提升电话用户实名登记工作，开展地下黑色产业链等网络安全环境的治理，特别是抓好木马僵尸等病毒的防范，进一步加强对钓鱼网站、移动恶意程序等网络攻击威胁的监测和处理工作，同时配合公安机关开展源头打击，实现标本兼治。

第四，扶持和壮大网络与信息安全产业。重点支持网络与信息安全关键核心技术的突破，加强应用试点示范，发展信息安全产品和服务，构建安全产业链协同发展的格局。

第五，推动网络空间国际交流与合作。在网络安全的技术、信息共享、跨境安全事件处置等方面加强国际合作，加强网络与信息安全的宣传教育，组织开展网络安全宣传周等项目活动，提升全社会网络安全意识和自我保护能力。

1-48　网络实名制有哪些利弊？

除了网络信息安全和可追溯等方面的管理因素外，实行网络实名制的好处有以下几点。

第一，网络实名制有利于提高参与者在网络上发言发声的公信力，从而为公众提供发表观点、看法、建议的渠道。

第二，网络实名制能帮助参与者自觉约束自己的言行，从而遏制网络暴力，营造良好的互联网环境。由于是实名的，尤其是对于有一定知名度的公众人物、专家而言，他们对自己所发表的意见看法观点，都会非常慎重，力求真实，不敢乱传错误不实的言论和信息，更不会去恶意攻击诽谤别人，这在某种程度上也算是一种自律，对于暴力流窜的互联网环境净化是有力之举。

第三，网络实名制在某种程度上也是一种自我保护。匿名通过网络自媒体平台发表观点和建议，自然免不了在与其他人意见相左的时候引发网络论战，这时候实名制就可以让参与论战的各方更加理性和克制，让网络论战始终保持在辩论的层面，不至于升级到"骂战"。

虽然网络实名制利好甚多，但其弊端也不可忽视，主要体现在以下几点。

第一，个人信息可能遭泄露，个人隐私容易被侵犯。网络实名制后，个人上网行为信息可能被恶意利用和传播，对公民个人信息及其隐私的保护构成极大威胁。网络的匿名性可以很好隐藏个人信息，而不必担心带有这些信息的网络访问、网络言论和网络行踪被跟踪和利用。网络实名制还可以很容易获知网络接入地址和实际地理位置，对公民与此相关的住宅信息、活动范围等个人隐私容易被泄露。

第二，网络言论自由被限制。网络实名制的前提，也是在于保证言论自由等私权不受非正当的限制。很多或许尖锐、苛刻但是合理合法的言论，可能考虑到不利后果，如被打击报复或者社会身份的限制，而不再被发表，真实的言论和有价值的思想可能就会被实名制扼杀。从更深的层面上讲，实名制可能会引发对公众舆论错误的导向作用，或者弱化公众的舆论监督作用，对于民主法治的建设和国家的长治久安将起到负面作用。

1-49　什么情况下会进行网络通信管制?

现实社会中，出现重大突发事件，为确保应急处置、维护国家和公众安全，有关部门往往会采取交通管制等措施。网络空间也不例外。

网络安全法中，对建立网络安全监测预警与应急处置制度专门列出一章作出规定，明确了发生网络安全事件时，有关部门需要采取的措施。特别规定：因维护国家安全和社会公共秩序，处置重大突发社会安全事件的需要，经国务院决定或者批准，可以在特定区域对网络通信采取限制等临时措施。

1-50　《网络安全法》的基本原则是什么?

第一，网络空间主权原则。《网络安全法》第一条"立法目的"开宗明义，明确规定要维护我国网络空间主权。网络空间主权是一国国家主权在网络空间中的自然延伸和表现。习近平总书记指出，《联合国宪章》确立的主权平等原则是当代国际关系的基本准则，覆盖国与国交往的各个领域，其原则和精神也应该适用于网络空间。各国自主选择网络发展道路、网络管理模式、互联网公共政策和平等参与国际网络空间治理的权利应当得到尊重。《网络安全法》第二条明确规定《网络安全法》适用于我国境内网络以及网络安全的监督管理。这是我国网络空间主权对内最高管辖权的具体体现。

第二，网络安全与信息化发展并重原则。习近平总书记指出，安全是发展的前提，发展是安全的保障，安全和发展要同步推进。网络安全和信息化是一体之两翼、驱动之双轮，必须统一谋划、统一部署、统一推进、统一实施。《网络安全法》第三条明确规定，国家坚持网络安全与信息化并重，遵循积极利用、科学发展、依法管理、确保安全的方针；既要推进网络基础设施建设，鼓励网络技术创新和应用，又要建立健全网络安全保障体系，提高网络安全保护能力，做到"双轮驱动、两翼齐飞"。

第三，共同治理原则。网络空间安全仅依靠政府是无法实现的，需要政府、企业、社会组织、技术社群和公民等网络利益相关者的共同参与。《网络安全法》坚持共同治理原则，要求采取措施鼓励全社会共同参与，政府部门、网络建设者、网络运营者、网络服务提供者、网络行业相关组织、高等院校、职业学校、社会公众等都应根据各自的角色参与网络安全治理工作。

第三节　解析等级保护

1-51　什么是信息安全等级保护？

信息安全等级保护是指对国家安全、法人和其他组织及公民的专有信息以及公开信息和存储、传输、处理这些信息的信息系统分等级实行安全保护，对信息系统中使用的信息安全产品实行按等级管理，对信息系统中发生的信息安全事件分等级响应、处置。

等级保护分五级，最低一级最高五级：

第一级，用户自主保护级；

第二级，系统审计保护级；

第三级，安全标记保护级；

第四级，结构化保护级；

第五级，访问验证保护级。

信息安全等级保护工作包括定级、备案、安全建设和整改、信息安全等级测评、信息安全检查五个阶段。

信息系统安全等级测评是验证信息系统是否满足相应安全保护等级的评估过程。信息安全等级保护要求不同安全等级的信息系统应具有不同的安全保护能力，一方面通过在安全技术和安全管理上选用与安全等级相适应的安全控制来实现；另一方面分布在信息系统中的安全技术和安全管理上不同的安全控制，通过连接、交互、依赖、协调、协同等相互关联关系，共同作用于信息系统的安全功能，使信息系统的整体安全功能与信息系统的结构以及安全控制间、层面间和区域间的相互关联关系密切相关。因此，信息系统安全等级测评在安全控制测评的基础上，还要包括系统整体测评。

1-52　信息系统的安全保护等级划分标准？

信息系统的安全保护等级分为以下五级：

第一级，信息系统受到破坏后，会对公民、法人和其他组织的合法权益造成损害，但不损害国家安全、社会秩序和公共利益。第一级信息系统运营、使用单位应当依据国家有关管理规范和技术标准进行保护。

第二级，信息系统受到破坏后，会对公民、法人和其他组织的合法权益产生严重损害，或者对社会秩序和公共利益造成损害，但不损害国家安全。国家信息安全监管部门对该级信息系统安全等级保护工作进行指导。

第三级，信息系统受到破坏后，会对社会秩序和公共利益造成严重损害，或者对国家安全造成损害。国家信息安全监管部门对该级信息系统安全等级保护工作进行监督、检查。

第四级，信息系统受到破坏后，会对社会秩序和公共利益造成特别严重的损害，或者对国家安全造成严重损害。国家信息安全监管部门对该级信息系统安全等级保护工作进行强制监督、检查。

第五级，信息系统受到破坏后，会对国家安全造成特别严重的损害。国家信息安全监管部门对该级信息系统安全等级保护工作进行专门监督、检查。

1-53 国家有关信息安全监管部门对其信息安全等级保护工作进行监督管理有什么规定？

第一级信息系统运营、使用单位应当依据国家有关管理规范和技术标准进行保护。

第二级信息系统运营、使用单位应当依据国家有关管理规范和技术标准进行保护。国家信息安全监管部门对该级信息系统信息安全等级保护工作进行指导。

第三级信息系统运营、使用单位应当依据国家有关管理规范和技术标准进行保护。国家信息安全监管部门对该级信息系统信息安全等级保护工作进行监督、检查。

第四级信息系统运营、使用单位应当依据国家有关管理规范、技术标准和业务专门需求进行保护。国家信息安全监管部门对该级信息系统信息安全等级保护工作进行强制监督、检查。

第五级信息系统运营、使用单位应当依据国家管理规范、技术标准和业务特殊安全需求进行保护。国家指定专门部门对该级信息系统信息安全等级保护工作进行专门监督、检查。

1-54　信息安全等级保护的实施原则是什么？

自主保护原则：信息系统运营、使用单位及其主管部门按照国家相关法规和标准，自主确定信息系统的安全保护等级，自行组织实施安全保护。

重点保护原则：根据信息系统的重要程度、业务特点，通过划分不同安全保护等级的信息系统，实现不同强度的安全保护，集中资源优先保护涉及核心业务或关键信息资产的信息系统。

同步建设原则：信息系统在新建、改建、扩建时应当同步规划和设计安全方案，投入一定比例的资金建设信息安全设施，保障信息安全与信息化建设相适应。

动态调整原则：要跟踪信息系统的变化情况，调整安全保护措施。由于信息系统的应用类型、范围等条件的变化及其他原因，安全保护等级需要变更的，应当根据等级保护的管理规范和技术标准的要求，重新确定信息系统的安全保护等级，根据信息系统安全保护等级的调整情况，重新实施安全保护。

1-55　信息安全等级保护的基本技术要求有哪些？

基本安全要求是针对不同安全保护等级信息系统应该具有的基本安全保护能力提出的安全要求，根据实现方式的不同，基本安全要求分为基本技术要求和基本管理要求两大类。技术类安全要求与信息系统提供的技术安全机制有关，主要通过在信息系统中部署软硬件并正确的配置其安全功能来实现；管理类安全要求与信息系统中各种角色参与的活动有关，主要通过控制各种角色的活动，从政策、制度、规范、流程以及记录等方面做出规定来实现。基本技术要求从物理安全、网络安全、主机安全、应用安全和数据安全几个层面提出。

1-56　信息安全等级保护的基本管理要求有哪些？

基本管理要求从安全管理制度、安全管理机构、人员安全管理、系统建设管理和系统运维管理几个方面提出，基本技术要求和基本管理要求是确保信息系统安全不可分割的两个部分。基本安全要求从各个层面或方面提出了系统的每个组件应该满足的安全要求，信息系统具有的整体安全保护能力通过不同组件实现基本安全要求来保证。除了保证系统的每个组件满足基本安全要求外，还要考虑组件之间的相互关系，来保证信息系统的整体安全保护能力。

1-57　办理信息系统安全保护等级备案手续时，有哪些要求？

办理信息系统安全保护等级备案手续时，应当填写《信息系统安全等级保护备案表》，第三级以上信息系统应当同时提供以下材料：

（1）系统拓扑结构及说明；

（2）系统安全组织机构和管理制度；

（3）系统安全保护设施设计实施方案或者改建实施方案；

（4）系统使用的信息安全产品清单及其认证、销售许可证明；

（5）测评后符合系统安全保护等级的技术检测评估报告；

（6）信息系统安全保护等级专家评审意见；

（7）主管部门审核批准信息系统安全保护等级的意见。

各省的备案手续不同，仅供参考。

1-58　公安机关对各个等级备案系统如何管理？

受理备案的公安机关应当对第三级、第四级信息系统的运营、使用单位的信息安全等级保护工作情况进行检查。对第三级信息系统每年至少检查一次，对第四级信息系统每半年至少检查一次。对跨省或者全国统一联网运行的信息系统的检查，应当会同其主管部门进行。

对第五级信息系统，应当由国家指定的专门部门进行检查。

1-59　公安机关、国家指定的专门部门应当如何定期检查备案系统？

公安机关、国家指定的专门部门应当对下列事项进行检查：

（1）信息系统安全需求是否发生变化，原定保护等级是否准确；

（2）运营、使用单位安全管理制度、措施的落实情况；

（3）运营、使用单位及其主管部门对信息系统安全状况的检查情况；

（4）系统安全等级测评是否符合要求；

（5）信息安全产品使用是否符合要求；

（6）信息系统安全整改情况；

（7）备案材料与运营、使用单位、信息系统的符合情况；

（8）其他应当进行监督检查的事项。

1-60　备案系统在接受检查时需要提供哪些有关信息安全保护的信息资料及数据文件？

信息系统运营、使用单位应当接受公安机关、国家指定的专门部门的安全监督、检查、指导，如实向公安机关、国家指定的专门部门提供下列有关信息安全保护的信息资料及数据文件：

（1）信息系统备案事项变更情况；

（2）安全组织、人员的变动情况；

（3）信息安全管理制度、措施变更情况；

（4）信息系统运行状况记录；

（5）运营、使用单位及主管部门定期对信息系统安全状况的检查记录；

（6）对信息系统开展等级测评的技术测评报告；

（7）信息安全产品使用的变更情况；

（8）信息安全事件应急预案，信息安全事件应急处置结果报告；

（9）信息系统安全建设、整改结果报告。

第二章　物理安全

第一节　环境安全（机房环境）

2-1　门禁系统的组成以及门禁卡遗失如何处理？

门禁系统一般由控制器、读卡器、感应卡、电控锁、综合管理服务器、系统管理工作站、制卡系统等组成，可实行分级管理、电脑联网控制。

当门禁卡遗失时，可以在系统内即时挂失，这样即使其他人捡到了该感应卡也不能使用。

2-2　如何保障动力环境的安全？

对老旧变电站通信机房补充监控摄像头，实现机房可视化监控，将机房视频信息纳入集中监控范围，加强机房人员进出和机房内检修工作监控力度；在动力环境监控系统中建立动环监控数据基础模型，设立电源电压、电流等数据的参考阈值，监控人员可将实时采集的数据与参考阈值进行对比，提高采集数据的可对比性。

2-3　视频监控系统的组成是什么？

视频监控系统是由前端摄像部分、中端传输部分、控制部分以及后端显示与记录部分组成的系统。系统使管理人员在控制室中能观察到前端监控区域内的所有活动情况并进行记录，并提供实时动态图像信息。

2-4　不间断电源（UPS）的主要作用是什么？

不间断电源主要用于给单台计算机、计算机网络系统或其他电力电子设备如电磁阀、压力变送器等提供稳定、不间断的电力供应。当市电输入正常时，UPS

将市电稳压后供应给负载使用，此时的 UPS 就是一台交流式电稳压器，同时它还向机内电池充电；当市电中断（事故停电）时，UPS 立即将电池的直流电能，通过逆变零切换转换的方法向负载继续供应 220V 交流电，使负载维持正常工作并保护负载软、硬件不受损坏。UPS 设备通常对电压过高或电压过低都能提供保护。

2-5　在线式 UPS 是如何工作的？

当在线式 UPS 在电网供电正常时，电网输入的电压一路经过噪声滤波器去除电网中的高频干扰，以得到纯净的交流电，进入整流器进行整流和滤波，并将交流电转换为平滑直流电，然后分为两路，一路进入充电器对蓄电池充电，另一路供给逆变器，而逆变器又将直流电转换成 220V，50Hz 的交流电供负载使用。当发生市电中断时，交流电的输入已被切断，整流器不再工作，此时蓄电池放电把能量输送到逆变器，再由逆变器把直流电变成交流电，供负载使用。因此，对负载来说，尽管市电已不复存在，但此时负载并未因市电中断而停运，仍可以正常运行。

2-6　机房消防系统的基本构成有哪些？

机房消防系统一般由火灾报警探测器、报警控制器、手动按钮、线路组成。系统应具有自动报警、人工报警、启动气体灭火装置等功能。

（1）来自机房内部。机房内的供配电系统起火、机房内的用电设备起火、人为事故引起的火灾。机房内的供配电系统起火。由于机房内的用电设备多，机房内供电线路布线集中复杂，且机房内设备一般为连续运转，导致机房内的供电线路发热量较大甚至出现提前老化的现象，易发生供电线路的起火现象。机房内的用电设备起火。当设备长时间连续工作时，元器件因质量、故障、老化或接触电阻过大而发热着火，引燃周围可燃物，扩大成灾。人为事故引起的火灾。由于机房内部的工作人员缺乏防火知识，违反有关安全防火规定进行操作引起起火，若此时不能及时采取正确、有效的灭火措施，将会使火势蔓延而造成重大损失。此类故障也包括外部人员利用保安措施上的疏漏进入机房故意纵火的破坏情况。

（2）来自机房外部。机房外部的其他建筑物起火后蔓延至机房。由于机房建筑与其他建筑之间的距离较近，或与其他用途房间同在一幢建筑中，在其他建筑或其他用途房间起火时，火势通过机房外部的维护结构、门窗及通风管道蔓延至机房，引起机房内火灾。

第二节 设备安全（设备使用）

2-7 常见的网络安全设备有哪些?

常见的网络安全设备有防火墙、威胁感知、IPS、IDS、WAF、安全审计认证、防病毒、邮件审计、流量监控、上网行为管理器。

2-8 硬件防火墙与软件防火墙有哪些区别?

防火墙被分为硬件防火墙和软件防火墙。硬件防火墙与软件防火墙之间有共同点也有不同之处。对硬件防火墙来说，系统是嵌入式的系统，一般开源的较多。硬件防火墙是通过硬件和软件的组合来达到隔离内外部网络的目的。软件防火墙一般寄生在操作系统平台，通过纯软件的方式实现隔离内外部网络的目的。

硬件防火墙的抗攻击能力比软件防火墙高很多，首先因为是通过硬件实现的功能，所以效率就高，其次因为它本身就是专门为了防火墙这一个任务设计的，内核针对性很强。内置操作系统也跟软件防火墙的不一样。不像软件防火墙那样，哪怕你用到的只是防火墙，它依然还得装入很多不相干的模块；操作系统不是针对网络防护这个任务优化设计的，运行起来效率和性能远远低于硬件防火墙。

软件防火墙在遇到密集的 DOS 攻击的时候，它所能承受的攻击强度远远低于硬件防火墙。如果在所在的网络环境中，攻击频度不是很高，用软件防火墙就能满足要求。软件防火墙的优点是定制灵活，升级快捷。倘若攻击频度很高，还是建议用硬件防火墙来实现。

硬件防火墙采用专用的硬件设备，然后集成生产厂商的专用防火墙软件。从功能上看，硬件防火墙内建安全软件，使用专属或强化的操作系统，管理方便，更换容易，软硬件搭配较固定。硬件防火墙效率高，解决了防火墙效率、性能之间的矛盾，可以达到线性。

软件防火墙一般基于某个操作系统平台开发，直接在计算机上进行软件的安装和配置。由于客户平台的多样性，软件防火墙需支持多操作系统，如 Unix、Linux、SCO-Unix、Windows 等，代码庞大、安装成本高、售后支持成本高、效率低。

2-9　常用的两种基本防火墙设计策略是什么？

（1）允许所有除明确拒绝之外的通信或服务。

（2）拒绝所有除明确允许之外的通信或服务。

2-10　电网专用安全隔离装置（正向）的策略如何配置？

电网专用安全隔离装置（正向）采用综合过滤技术，数据综合过滤功能能够为装置提供基本的安全保障，装置根据系统管理员预先设定的规则检查数据包以决定哪些数据容许通过，哪些数据不能通过，保护内部安全网络免受外部攻击。数据过滤依据主要包括：①数据包的传输协议类型，容许 TCP 和 UDP。②数据包的源端地址、目的端地址。③数据包的源端口号、目的端口号。④ IP 地址和 MAC 地址是否绑定。综合过滤规则提供装置允许还是拒绝 IP 包的依据，装置对收到的每一个数据包进行检查，从它们的包头中提取出所需要的信息，如源 MAC 地址、目的 MAC 地址、源 IP 地址、目的 IP 地址、源端口号、目的端口号、协议类型等，再与已建立的规则逐条进行比较，并执行所匹配规则的策略。

2-11　简述电网专用安全隔离装置（反向）的工作过程？

电网专用安全隔离装置（反向）用于从安全区Ⅲ到安全区Ⅰ/Ⅱ传递数据，是安全区Ⅲ到安全区Ⅰ/Ⅱ的唯一一个数据传递途径。电网专用安全隔离装置（反向）集中接收安全区Ⅲ发向安全区Ⅰ/Ⅱ的数据，进行签名验证、内容过滤、有效性检查等处理后，转发给安全区Ⅰ/Ⅱ内部的接收程序。具体过程如下：①安全区Ⅲ内的数据发送端首先对需要发送的数据签名，然后发给电网专用安全隔离装置（反向）。②电网专用安全隔离装置（反向）接收数据后，进行签名验证，并对数据进行内容过滤、有效性检查等处理。③将处理过的数据转发给安全区Ⅰ/Ⅱ内部的接收程序。

2-12　电网专用安全隔离装置（反向）的功能要求有哪些?

电网专用安全隔离装置（反向）的功能要求为: ①具有应用网关功能, 实现应用数据的接收与转发; ②具有应用数据内容有效性检查功能; ③具有基于数字证书的数据签名/解签名功能; ④实现两个安全区之间的非网络方式的安全的数据传递; ⑤支持透明工作方式: 虚拟主机 IP 地址、隐藏 MAC 地址; ⑥支持 NAT; ⑦基于 MAC、IP、传输协议、传输端口以及通信方向的综合报文过滤与访问控制; ⑧防止穿透性 TCP 连接。

2-13　电网专用安全隔离装置的安全保障要求有哪些?

电网专用安全隔离装置的安全保障要求如下: 专用安全隔离装置本身应该具有较高的安全防护能力, 其安全性要求主要包括: ①采用非 INTEL 指令系统的（及兼容）微处理器; ②安全、固化的操作系统; ③不存在设计与实现上的安全漏洞; ④抵御除 DOS 以外的已知的网络攻击。

2-14　信息安全网络隔离装置用户管理策略配置有什么要求?

（1）应对用户权限分离, 对管理员、普通用户授予不同的权限, 实现对不同用户权限的控制。管理员权限, 可进行查看和修改, 为唯一用户, 不可删除。普通用户权限, 只可进行查看, 由管理员创建修改。

（2）配置管理员可查询和审阅日志, 具备配置导入导出和修改网络配置外的所有权限。普通用户只具备查看权限。

（3）应对不同用户分配不同账号, 禁止多个用户共用一个账号。禁止配置与设备运行、维护无关的账号。

2-15　信息安全网络隔离装置审计策略配置有什么要求?

（1）应启用设备自带的日志审计功能, 记录相应等级各类事件情况。用户可以按照日志的模块和日志的级别查询代理服务器运行日志。

（2）应将所有日志接入网络与信息安全风险监控预警平台。

（3）应将审计记录发送至日志服务器, 避免其受到未预期的删除、修改或覆盖，审计记录应至少保存6个月以上。

（4）应定期对安全设备日志分析，归类总结各类攻击事件，形成日志审计分析报告并存档。

（5）审计信息应不可修改、不可手动删除。用户审计记录应包括时间、用户、事件类型、事件结果（成功 / 失败）、登录IP地址等。

（6）应对所有登录 / 退出设备的操作进行审计记录。

（7）应按外网业务连接用户进行安全审计，记录应至少包括连接认证失败情况、协议报文异常情况、执行非法SQL情况的日志，审计记录应包括事件的日期和时间、用户、事件类型等信息。

（8）禁止所有人通过系统修改安全日志。

（9）可以选择性地导入、导出日志配置文件、SQL代理配置文件、数据库配置文件、网络配置文件和应用规则配置文件，可以输入自定义的服务器文件地址，导入、导出自定义的文件，文件的存储或传输过程应加密。

（10）用户应按照日志的模块和日志的级别查询代理服务器运行日志。

2-16　目前电力行业的信息设备安全状态如何？

随着计算机技术的不断发展，其被广泛应用于电力行业网络信息管理中，但随着网络平台开放性的不断增加，信息网络安全问题也逐渐引起了人们的关注，在此基础上，为了给予用户一个良好的网络服务平台，要求当代电力行业在发展的过程中也应注重对信息网络安全措施的应用，以此达到良好的信息管理目标。电力行业引入了最新最全面的信息安全设备，进行对电力行业的安全保障。并逐步加强安全防范意识，引入新的安全设备进行防护。

第三节　介质安全

2-17　什么是介质？

主要的介质分为计算机存储介质和网络介质。

存储介质又称为存储媒体，是指存储二进制信息的物理载体，这种载体具有表现两种相反物理状态的能力，存储器的存取速度就取决于这两种物理状态的改变速度。

网络介质是指网络传输数据的载体。网络介质是数据发送的物理基础，它位于 OSI 模型的最底层（物理层）。网络传输介质是网络中传输数据、连接各网络站点的实体。网络信息还可以利用无线电系统、微波无线系统和红外技术等传输。目前常见的网络传输介质有双绞线、同轴电缆、光纤等。

2-18　网络介质有哪些特性，并如何选择？

选择数据传输介质时必须考虑 5 种特性（根据重要性粗略地列举）：吞吐量和带宽、成本、尺寸和可扩展性、连接器及抗噪性。当然，每种联网情况都是不同的；对一个机构至关重要的特性对另一个机构来说可能是无关重要的，你需要判断哪一方面对自己的机构是最重要的。

2-19　介质在物理传输过程中的安全性如何？

传输过程中需要注意：①应对介质在物理传输过程中的人员选择、打包、交付等情况进行控制。②对介质归档和查询等进行登记记录。③根据存档介质的目录清单定期盘点。④涉密存储介质原则上不得送外维修，必须送出维修时应首先清除介质中的敏感数据。⑤涉密存储介质在淘汰和报废前，应清楚介质中的敏感数据，严禁将涉密存储介质作为废品出售。⑥对保密性较高的存储介质未经批准不得自行销毁。⑦应对重要介质中的数据和软件采取加密存储。⑧根据所承载数据和软件的重要程度对介质进行分类和标识管理。

2-20　可移动介质在销毁时需要注意什么？

移动硬盘：文件先做删除，高级格式化后，低级格式化。报废的硬盘，需要粉碎报废。循环使用的硬盘，低级格式化后，拷入大量数据，覆盖无用信息后，高级格式化，再使用。

U 盘：报废后能正常使用的写入大量数据并格式化后粉碎，不能正常使用的直接粉碎。

光盘：一次性光盘，粉碎。可擦写光盘，格式化后再使用。

2-21 国网安全 U 盘如何正确使用标准？

国网安全 U 盘是指通过专用注册工具对普通的移动存储 U 盘经过高强度算法加密，并根据安全控制策略的需要进行数据区划分，使其具有较高的安全性能的移动存储介质。主要用于公司员工在工作中产生的设计公司秘密，信息的存储和内部传递也可用于内网非涉密信息与外部计算机交互，但不得用于涉及国家机密信息的存储和传递。安全 U 盘分为保密区和交换区两个区域的密码须分别设置。

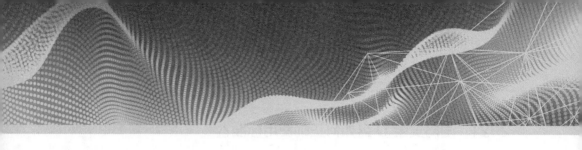

第三章　边界防护

3-1　常见的网络边界有哪些？

网络边界分为互联网边界、信息内外网边界、无线外网边界；在不同的企业网络中还可分为信息内网与第三方边界、信息内外网下上级边界、信息内网与生产控制大区边界、信息内网与用户终端的边界。

3-2　边界上存在的安全问题主要有哪些？

非安全网络互联带来的安全问题与网络内部的安全问题是截然不同的，主要的原因是攻击者不可控，攻击是不可溯源的，也无法去"封杀"。一般来说，网络边界上的安全问题分为信息泄密、入侵者的攻击、木马入侵、黑客入侵、病毒入侵、网络攻击等。

3-3　常见的边界防护设备有哪些？

常见的边界防护设备有防火墙、DDos、IPS、邮件阻断系统、流量控制系统、上网行为管理系统、隔离装置、安全接入平台等。

3-4　什么是防火墙？

所谓防火墙，指的是一个由软件和硬件设备组合而成、在内部网和外部网之间、专用网与公共网之间的边界上构造的保护屏障，是一种获取安全性方法的形象说法，它是一种计算机硬件和软件的结合，使 Internet 与 Intranet 之间建立起一个安全网关（Security Gateway），从而保护内部网免受非法用户的侵入，防火墙主要由服务访问规则、验证工具、包过滤和应用网关 4 个部分组成，防火墙就是一个位于计算机和它所连接的网络之间的软件或硬件。该计算机流入流出的所有网络通信和数据包均要经过此防火墙。

在网络中，所谓"防火墙"，是指一种将内部网和公众访问网（如 Internet）分开的方法，它实际上是一种隔离技术。防火墙是在两个网络通信时执行的一种访问控制尺度，它能允许你"同意"的人和数据进入你的网络，同时将你"不同意"的人和数据拒之门外，最大限度地阻止网络中的黑客来访问你的网络。换句话说，如果不通过防火墙，公司内部的人就无法访问 Internet，Internet 上的人也无法和公司内部的人进行通信。

3-5　DDoS 攻击原理及其防御方法是什么？

DDoS 是英文 Distributed Denial of Service 的缩写，意即"分布式拒绝服务"，那么什么又是拒绝服务 DoS（Denial of Service）呢？可以这么理解，凡是能导致合法用户不能够访问正常网络服务的行为都算是拒绝服务攻击。也就是说，拒绝服务攻击的目的非常明确，就是要阻止合法用户对正常网络资源的访问，从而达成攻击者不可告人的目的。

防御 DDoS 必须透过网络上各个团体和使用者的共同合作，制定更严格的网络标准来解决。每台网络设备或主机都需要随时更新其系统漏洞、关闭不需要的服务、安装必要的防毒和防火墙软件、随时注意系统安全，避免被黑客和自动化的 DDoS 程序植入攻击程序，以免成为黑客攻击的帮凶。

3-6　什么是 IPS？

IPS 的关键技术成分包括所合并的全球和本地主机访问控制、IDS、全球和本地安全策略、风险管理软件和支持全球访问并用于管理 IPS 的控制台。如同 IDS 中一样，IPS 中也需要降低假阳性或假阴性，它通常使用更为先进的侵入检测技术，如试探式扫描、内容检查、状态和行为分析，同时还结合常规的侵入检测技术如基于签名的检测和异常检测。

同侵入检测系统（IDS）一样，IPS 系统分为基于主机和网络两种类型。基于主机的 IPS 依靠在被保护的系统中所直接安装的代理。它与操作系统内核和服务紧密地捆绑在一起，监视并截取对内核或 API 的系统调用，以便达到阻止并记录攻击的作用。它也可以监视数据流和特定应用的环境（如网页服务器的文件位置和注册条目），以便能够保护该应用程序使之能够避免那些还不存在签名的、普通的攻击。

3-7　什么是邮件阻断系统?

通过抓取数据包对网络中的邮件进行监测,用过滤敏感关键字的方式来防止高危的邮件在网络中传播。

3-8　流量控制系统的特点是什么?

(1)基于内容进行会话识别可以通过高速的深层协议分析,识别每一个网络会话所属的应用,可以针对某种协议进行拦截或者制定相应的带宽分配策略,而传统的路由器和防火墙等网络设备只能根据端口进行最初级的识别。

(2)智能的带宽调节功能可以根据网络负载智能调节网内的终端带宽分配方式,例如,如果网络负载较重则自动限制那些流量较大的终端,保证多数用户的网络应用能够正常、快速地得到响应;当网络负载较轻时,则采用宽松的带宽处理策略,以便网络的带宽能得到充分的利用。

(3)基于终端的资源控制仅需设定一条规则,即可限定每台终端的带宽使用上限,同时可以设定每台终端的会话数量,防止因一病毒等原因造成的网络资源耗尽。

(4)带宽的按需动态分配由于 HTTD 带宽管理系统能看懂网络从第二到第七的协议层乃至会话间的关联,它能自动地分辨各种不同的协议、服务和应用深层速率控制技术(Deeper Rate Control)、可根据 IP 地址、子网、服务器地点、协议、应用端口、应用类型等基本特点及应用的关联性分析将这个信息流和其他信息流区分开来,再根据不同的需要给予适当或应有的带宽级别(Privilege)和带宽政策(Policy),带宽级别和带宽政策可以按区间划分,实施方式是硬性或弹性的,根据不同方式的灵活实施,可以确保广域网有限资源的按需动态分配。

3-9　上网行为管理系统有什么作用?

上网行为管理产品及技术是专用于防止非法信息恶意传播,避免国家机密、商业信息、科研成果泄露的产品;并可实时监控、管理网络资源使用情况,提高整体工作效率。上网行为管理产品系列适用于需实施内容审计与行为监控、行为管理的网络环境,尤其是按等级进行计算机信息系统安全保护的相关单位或部门。

3-10　什么是隔离装置?

隔离装置是使用带有多种控制功能的固态开关读写介质连接两个独立主机系统的信息安全设备。由于物理隔离装置所连接的两个独立主机系统之间,不存在通信的物理连接、逻辑连接、信息传输命令、信息传输协议,不存在依据协议的信息包转发,只有数据文件的无协议"摆渡",且对固态存储介质只有"读"和"写"两个命令。所以,物理隔离装置从物理上隔离、阻断了具有潜在攻击可能的一切连接,使"黑客"无法入侵、无法攻击、无法破坏,实现了真正的安全。

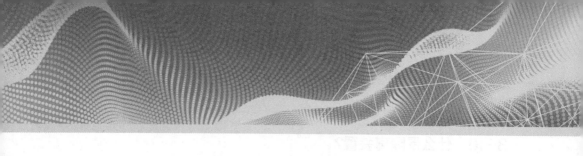

第四章　网络安全

第一节　局域网安全

4-1　什么是局域网？

局域网（Local Area Network，LAN）是在一个局部的地理范围内（如一个学校、工厂和机关内），将各种计算机、外部设备和数据库等互相连接起来组成的计算机通信网。局域网包含路由器、交换机、信息系统服务器、办公终端电脑，IP 都是以私网地址开头的。计算机是经过交换机、路由器之后才联到外部网络的。为什么要这样？其实互联网 IP 是比较紧张的，现如今计算机的普及使得互联网 IP 根本不够用，局域网的产生就是为了解决这个难题的！路由器只需一个互联网 IP 就可以供内部的多台计算机联网。局域网 IP 地址可自由分配使用，不受互联网 IP 影响。例如，一个网吧的多台电脑，其实只要一个互联网 IP 就可以给下面的电脑提供上网。

4-2　局域网数据安全的防护要点有哪些？

互联网隔离的指导思想在于将非法用户与网络资源相互隔离，从而达到限制用户非法访问的目的。外防作为基础，基本已经建立完备，更深入的防护就需要技术演进的推动，而内控是很多客户或是场景应用中所忽视的。当前企业数据安全的防护手段主要集中在对防火墙部署与杀毒软件的应用上，这种传统的企业数据安全防护方式能较好地阻隔来自外部的"技术风险"（如系统漏洞、黑客攻击、病毒木马等），但对于处在企业数据安全防护体系内部的"人为风险"，却无法进行有效管控。然而，种种信息安全事件表明，"堡垒最容易从内部攻破"，局域网也不是安全的"自留地"。考虑局域网的安全，需要加强对内部人员的管控和内部系统、办公终端的抗风险能力。因此，对局域网要进行针对性的安全防护。

4-3　与互联网安全相比，局域网安全有什么特别的地方？

相比互联网安全，局域网安全有三个方面比较特别。第一个方面，局域网安全要求建立一种更加全面、客观和严格的信任体系和安全体系。第二个方面，局域网安全要求建立更加具有针对性的安全控制措施，对计算机终端、服务器、网络和用户都进行具有针对性的管理。第三个方面，局域网安全要求对信息进行生命周期的完善管理。

4-4　如果局域网受到攻击应该怎么办？

如果局域网受到攻击，建议使用防病毒软件（360 安全卫士、瑞星杀毒等）进行网络诊断，一般的问题都能检测到，并提出有效解决方案。若一般的杀毒软件无法解决问题，需要向信息运维部门申请提供技术支持。

4-5　针对局域网安全应该制定哪方面的策略？

针对局域网安全，有很多安全隐患值得关注，但是其中有一部分需要重点排查和策略定制，如 U 盘、笔记本电脑、无线接入点、其他 USB 接口设备、内部连接、伪装员工的外来人员、智能手机、电子邮件等的安全加密、身份认证、权限限定等。企业局域网被攻击大多数都是以上原因。

4-6　企业怎么样才能提高局域网服务器的安全？

对于企业提高局域网服务器安全的建议有：

一是建议利用虚拟化技术来避免多个应用程序之间的干扰。

二是建议利用 NTFS 文件系统提供文件级别的安全性。企业内部服务器上采用的比较多的是微软的操作系统。而 Windows 操作系统现在支持的文件格式有 FAT32 与 NTFS 两种。这里建议使用 NTFS 文件系统。它在文件权限控制方面更具有优势。

三是建议关闭不使用的服务与端口。在默认情况下，服务器操作系统部署完成后，很多端口默认状态是打开的，如 21 端口、80 端口等。但是需要注意的是，在实际工作中有些端口和服务根本用不着，关闭这些端口和服务可大大减少利用端口漏洞进行的破坏。无论是 Windows 操作系统还是 Linux 操作系统，最好将那些不用的端口与服务关闭掉，等到需要使用的时候再打开即可。

四是建议做好数据备份。提高服务器的安全，备份数据非常重要。即使发生了数据被篡改、硬盘物理损坏等事件，只要认真做好备份工作，一切都还可以从头再来。

五是提防内部用户的破坏。大部分企业在设计网络架构时会步入误区，即过多关注与外部的安全，而忽视了企业内部用户的威胁。当其他用户打开这个文件时，病毒就可以在企业内部网络中进行传播。所以说在设计内部服务器安全时，需要关注内部用户对服务器的安全威胁。如在适当情况下可以禁用这些移动存储设备，或者强制对新增加的文件进行杀毒等操作，病毒与木马便无机可乘。

4-7 什么是 ARP 病毒及如何防护？

ARP 病毒并不是某一种病毒的名称，而是对利用 ARP 协议的漏洞进行传播的一类病毒的总称。ARP 协议是 TCP/IP 协议组的一个协议，用于进行把网络地址翻译成物理地址（又称 MAC 地址）。通常此类攻击的手段有两种：路由欺骗和网关欺骗。ARP 病毒攻击时的症状也有多种，第一种情况是网上银行、游戏及 QQ 账号的频繁丢失。一些人为了获取非法利益，利用 ARP 欺骗程序在网内进行非法活动，此类程序的主要目的在于破解账号登录时的加密解密算法，通过截取局域网中的数据包，然后以分析数据通信协议的方法截获用户的信息。运行这类木马病毒，就可以获得整个局域网中上网用户账号的详细信息并盗取。第二种情况是网速时快时慢，极其不稳定，但单机进行光纤数据测试时一切正常。当局域内的某台计算机被 ARP 的欺骗程序非法侵入后，它就会持续地向网内所有的计算机及网络设备发送大量的非法 ARP 欺骗数据包，阻塞网络通道，造成网络设备的承载过重，导致网络的通信质量不稳定。第三种情况是局域网内频繁性掉线，重启计算机或网络设备后恢复正常。当带有 ARP 欺骗程序的计算机在网内进行通信时，就会导致频繁掉线，出现此类问题后重启计算机或禁用网卡会暂时解决问题，但掉线情况还会发生。

对 ARP 病毒的防御措施建议有：一是及时升级客户端的操作系统和应用程式补丁；二是安装和更新杀毒软件；三是如果网络规模较少，尽量使用手动指定 IP 设置，而不是使用 DHCP 来分配 IP 地址；四是如果交换机支持，在交换机上绑定 MAC 地址与 IP 地址。

4-8 什么是高危端口?

所谓高危端口,顾名思义即存在高安全风险的端口,这些端口中有一部分对于普通用户可能并不熟悉且在日常工作中很少涉及(如 135、139、445、3389 等)。但在有意破坏网络安全的黑客看来这些端口因为存在已知的漏洞,可以方便他们对开放这些端口的主机进行破坏、控制。对高危端口的防护只需我们手动关闭这些不常用的服务端口即可。

第二节 互联网安全

4-9 什么是互联网?

互联网是网络与网络之间所串联成的庞大网络,这些网络以一组通用的协议相联,形成逻辑上的单一且巨大的全球化网络,在这个网络中有交换机、路由器等网络设备、各种不同的连接链路、种类繁多的服务器和数不尽的计算机、终端。使用互联网可以将信息瞬间发送到千里之外的人手中,它是信息社会的基础。

4-10 利用企业网盘进行文件共享是不是一个好的方案?

从用户使用的角度来讲,选择一款安全、易用、支持移动端的企业网盘进行文件共享和协作,确实比较方便,SaaS 模式的企业网盘最大的优势就是产品的快速迭代和 SaaS 服务商对用户提供的服务,这两个优势为用户减轻了很多麻烦,提供了更多的便利。

从服务商的角度来看,专做企业网盘的服务商(如亿方云)和消费级的个人网盘(如百度云)对比来看,在企业文件存储和协作领域,专做企业网盘的更加精专,能够实现为不同行业的用户提供不同的云服务解决方案,同时能够提供同事通信录,消息提醒等基于企业级的功能,这些都是消费级的个人网盘所不具备的优势。因此,利用企业网盘进行文件共享目前还是一个可行性比较高的方案。

4-11 DNS 域名系统的工作原理?

当 DNS 客户机需要在程序中使用名称时，它会查询 DNS 服务器来解析该名称。客户机发送的每条查询信息包括三条信息：指定的 DNS 域名、指定的查询类型、DNS 域名的指定类别。DNS 基于 UDP 协议，端口 53。该应用一般不直接为用户使用，而是为其他应用服务，如 HTTP、SMTP 等在其中需要完成主机名到 IP 地址的转换。

4-12 如何防范 DNS 欺骗?

DNS 欺骗攻击是很难防范的，因为这种攻击大多数本质上都是被动的。通常情况下，除非发生欺骗攻击，否则你不可能知道自己的 DNS 已经被欺骗，只是你打开的网页与你想要看到的网页有所不同。在很多针对性的攻击中，用户都无法知道自己已经将网上银行账号信息输入错误的网址，直到接到银行的电话告知其账号已购买高价商品时用户才会知道。这就是说，在防范这种类型攻击方面还是有迹可循。第一条，使用最新版本的 DNS 服务器软件，并及时安装补丁。第二条，关闭 DNS 服务器的递归功能。DNS 服务器利用缓存中的记录信息回答查询请求或是 DNS 服务器通过查询其他服务获得查询信息并将它发送给客户机，这两种查询成为递归查询，这种查询方式容易导致 DNS 欺骗。第三条，保护内部设备：像这样的攻击大多数都是从网络内部执行攻击的，如果你的网络设备很安全，那么那些感染的主机就很难向你的设备发动欺骗攻击。第四条，使用入侵检测系统：只要正确部署和配置，使用入侵检测系统就可以检测出大部分形式的 ARP 缓存中毒攻击和 DNS 欺骗攻击。

4-13 如果遇到了 DNS 欺骗攻击应该怎样去修复?

严格来说，DNS 欺骗攻击并不是黑掉了用户自己的主页，也不是将用户的主页瘫痪了，它实际上是将用户的主页隐藏起来了，以致无法访问用户自己本身的主页信息，查看主页上的资料。在大多数情况下，如果遭遇到了欺骗攻击，千万要注意 MAC 地址和 IP 地址，IP 地址经过替换之后，一般都是假的，但是 MAC 地址也要特别注意，它也有可能遭到了替换和修改，虽然发生这种情况的事情并不多见。

如果可以确认自己的 MAC 地址是真的，则可以打开路由器，在路由器的相关界面中查看到相关的 IP 地址，通过相互对应的 MAC 查找自己的 IP 地址，或者将 MAC 地址添加到路由器的安全地址过滤功能当中进行处理并启用，这样有问题的计算机就会自动断线。只要打开了路由器，你就能够看到每台计算机应对的所有详细的 IP 地址和 MAC 地址。如果你安装了 ARP 防火墙，一般情况下它都是能够防御大部分的攻击的，但如果在拥有防火墙的情况下遭到了攻击，首先要做的就是查找出攻击的来源，然后将主机系统重新设置并重新启动即可。

4-14　黑客攻击的手段有哪些？

黑客攻击的手段可分为非破坏性攻击和破坏性攻击两类。非破坏性攻击一般是为了扰乱系统的运行，并不盗窃系统资料，通常采用拒绝服务攻击或信息炸弹；破坏性攻击是以侵入他人计算机系统、盗窃系统保密信息、破坏目标系统的数据为目的。4 种黑客常用的攻击手段如下：

1. 后门程序

由于程序员设计一些功能复杂的程序时，一般采用模块化的程序设计思想，将整个项目分割为多个功能模块，分别进行设计、调试，这时的后门就是一个模块的秘密入口。在程序开发阶段，后门便于测试、更改和增强模块功能。正常情况下，完成设计之后需要去掉各个模块的后门，不过有时由于疏忽或者其他原因（如将其留在程序中，便于日后访问、测试或维护）后门没有去掉，一些别有用心的人会利用穷举搜索法发现并利用这些后门，然后进入系统并发动攻击。

2. 信息炸弹

信息炸弹是指使用一些特殊工具软件，短时间内向目标服务器发送大量超出系统负荷的信息，造成目标服务器超负荷、网络堵塞、系统崩溃的攻击手段。例如，向未打补丁的 Windows95 系统发送特定组合的 UDP 数据包，会导致目标系统死机或重启；向某型号的路由器发送特定数据包致使路由器死机；向某人的电子邮件发送大量的垃圾邮件将此邮箱"撑爆"等。目前，常见的信息炸弹有邮件炸弹、逻辑炸弹等。

3. 拒绝服务

拒绝服务又叫分布式 DoS 攻击，它是使用超出被攻击目标处理能力的大量数据包消耗系统可用系统、带宽资源，最后致使网络服务瘫痪的一种攻击手段。作为攻击者，首先需要通过常规的黑客手段侵入并控制某个网站，然后在服务器上安装并启动一个可由攻击者发出的特殊指令来控制进程，攻击者把攻击对象的 IP 地址作为指令下达给进程的时候，这些进程就开始对目标主机发起攻击。这种方式可以集中大量的网络服务器带宽，对某个特定目标实施攻击，因而威力巨大，顷刻间就可以使被攻击目标带宽资源耗尽，导致服务器瘫痪。例如，1999 年美国明尼苏达大学遭到的黑客攻击就属于这种方式。

4. 网络监听

网络监听是一种监视网络状态、数据流及网络上传输信息的管理工具，它可以将网络接口设置在监听模式，并且可以截获网上传输的信息，也就是说，当黑客登录网络主机并取得超级用户权限后，若要登录其他主机，使用网络监听可以有效地截获网上的数据，这是黑客使用最多的方法，但是，网络监听只能应用于物理上连接于同一网段的主机，通常被用作获取用户口令。

4-15 黑客入侵会造成什么后果？

黑客入侵的后果有：一是执行程序。黑客入侵后执行一些比较特殊的进程时，会消耗一些系统的 CPU 时间，造成系统卡顿。二是获取数据。攻击者的目标就是系统中的重要数据，因此攻击者通过登录目标主机，或是使用网络监听进行攻击。事实上，即使连入侵者都没有确定要干什么时，在一般情况下，他会将当前用户目录下的文件系统中的 /etc/hosts 或 /etc/passwd 进行复制。三是获取权限。具有超级用户的权限，意味着可以做任何事情，这对入侵者无疑是一个莫大的诱惑。在 Unix 系统中支持网络监听程序必须有这种权限，因此在一个局域网中，掌握了一台主机的超级用户权限，才可以说掌握了整个子网。四是信息。入侵的站点有许多重要的信息和数据可以利用。攻击者若使用一些系统工具往往会被系统记录下来，如果直接发给自己的站点也会暴露自己的身份和地址，于是在窃取信息时，攻击者往往将这些信息和数据送到一个公开的 FTP 站点，或者利用电子邮件寄往一个可以拿到的地方，等以后再从这些地方取走。

4-16 如何防御黑客通过互联网入侵个人电脑？

由于黑客实现入侵的突破口始终都存在漏洞，所以只要适当做一些防范措施，就可以很大程度降低被入侵的风险。可以采取升级系统、打补丁、安装防火墙等来防御，杜绝安装不明软件。

4-17　什么是 SQL 注入攻击？

所谓 SQL 注入，就是通过把 SQL 命令插入 Web 表单提交或输入域名或页面请求的查询字符串，最终达到欺骗服务器执行恶意的 SQL 命令。具体来说，它是利用现有应用程序，将（恶意的）SQL 命令注入后台数据库引擎执行的能力，它可以通过在 Web 表单中输入（恶意）SQL 语句得到一个存在安全漏洞的网站上的数据库，而不是按照设计者意图去执行 SQL 语句。例如，先前的很多影视网站泄露 VIP 会员密码大多就是通过 Web 表单递交查询字符爆出的，这类表单特别容易受到 SQL 注入式攻击。

4-18　什么是跨站攻击？

跨站攻击是指入侵者在远程 Web 页面的 HTML 代码中插入具有恶意目的的数据，用户认为该页面是可信赖的，但是当浏览器下载该页面后，嵌入其中的脚本将被解释执行。由于 HTML 语言允许使用脚本进行简单交互，入侵者便通过技术手段在某个页面内插入一个恶意 HTML 代码，如记录论坛保存的用户信息（Cookie），由于 Cookie 保存了完整的用户名和密码资料，用户就会遭受安全损失。如这句简单的 JavascrIPt 脚本就能轻易获取用户信息：alert（document. Cookie），它会弹出一个包含用户信息的消息框。入侵者运用脚本就能把用户信息发送到他们自己的记录页面中，稍作分析便获取了用户的敏感信息。

4-19　什么是非法上传？

非法上传是指攻击者利用 Web 系统漏洞，绕过各种限制上传文件的攻击行为。

4-20　什么是缓冲区溢出？

计算机程序一般都会使用到一些内存，这些内存或是程序内部使用，或是存放用户的输入数据，这样的内存一般称作缓冲区。溢出是指盛放的东西超出容器容量而溢出来了，在计算机程序中，就是数据使用到了被分配内存空间之外的内存空间。而缓冲区溢出，简单地说就是计算机对接收的输入数据没有进行有效的检测（理想的情况是程序检查数据长度并不允许输入超过缓冲区长度的字符），向缓冲区内填充数据时超过了缓冲区本身的容量，而导致数据溢出到被分配空间之外的内存空间，使得溢出的数据覆盖了其他内存空间的数据。

4-21　什么是网站挂马？

网站挂马就是黑客通过各种手段，包括 SQL 注入、网站敏感文件扫描、服务器漏洞、网站程序 0day 等各种方法获得网站管理员账号，然后登录网站后台，通过数据库"备份 / 恢复"或者上传漏洞获得一个 Webshell。利用获得的 Webshell 修改网站页面的内容，向页面中加入恶意转向代码。也可以直接通过弱口令获得服务器或者网站 FTP，然后对网站页面直接进行修改。当访问被加入恶意代码的页面时，就会自动地访问被转向的地址或者下载木马病毒。

4-22　什么是拒绝服务攻击？

拒绝服务攻击即攻击者想办法让目标机器停止提供服务，是黑客常用的攻击手段之一。其实对网络带宽进行的消耗性攻击只是拒绝服务攻击的一小部分，只要能够对目标造成麻烦，使某些服务被暂停甚至主机死机，都属于拒绝服务攻击。拒绝服务攻击问题也一直得不到合理的解决，究其原因是因为网络协议本身的安全缺陷，从而拒绝服务攻击也成为了攻击者的终极手法。攻击者进行拒绝服务攻击，实际上让服务器实现两种效果：一是迫使服务器的缓冲区满，不接收新的请求；二是使用 IP 欺骗，迫使服务器把非法用户的连接复位，影响合法用户的连接。

4-23　什么是跨站请求伪造攻击？

跨站请求伪造攻击是一种挟制终端用户在当前已登录的 Web 应用程序上执行非本意的操作的攻击方法。攻击者只要借助少许的社会工程诡计，如通过电子邮件或者是聊天软件发送的链接，攻击者就能迫使一个 Web 应用程序的用户去执行攻击者选择的操作。例如，如果用户登录网络银行去查看其存款余额，他没有退出网络银行系统就去了自己喜欢的论坛去灌水，如果攻击者在论坛中精心构造了一个恶意的链接并诱使该用户点击了该链接，那么该用户在网络银行账户中的资金就有可能被转移到攻击者指定的账户中。当 CSRF 针对普通用户发动攻击时，将对终端用户的数据和操作指令构成严重的威胁；当受攻击的终端用户具有管理员账户的时候，CSRF 攻击将危及整个 Web 应用程序。

4-24　什么是目录遍历攻击？

目录遍历（路径遍历）是由于 Web 服务器或者 Web 应用程序对用户输入的文件名称的安全性验证不足而导致的一种安全漏洞，使得攻击者通过利用一些特殊字符就可以绕过服务器的安全限制，访问任意的文件（可以使 Web 根据目录以外的文件），甚至执行系统命令。程序在实现上没有充分过滤用户输入的 "../" 之类的目录跳转符号，导致恶意用户可以通过提交目录跳转来遍历服务器上的任意文件。

4-25　蠕虫病毒与一般病毒具有哪些异同？

蠕虫也是一种病毒，因此具有病毒的共同特征。一般的病毒是需要寄生的，它可以通过自己指令的执行，将自己的指令代码写到其他程序的体内，而被感染的文件就被称为"宿主"。例如，Windows 下可执行文件的格式为 PE 格式（PortableExecutable），当需要感染 PE 文件时，在宿主程序中，建立一个新节，将病毒代码写到新节中，修改程序的入口点等，这样，宿主程序执行的时候，就可以先执行病毒程序，病毒程序运行完之后，再把控制权交给宿主原来的程序指令。凡能够引起计算机故障，破坏计算机数据的程序统称为计算机病毒。所以从这个意义上说，蠕虫也是一种病毒！网络蠕虫病毒，作为对互联网危害严重的一种计算机程序，其破坏力和传染性不容忽视。与传统的病毒不同，蠕虫病毒以计算机为载体，以网络为攻击对象。

4-26　应该怎样来防止系统漏洞类蠕虫病毒的侵害？

防止系统漏洞类蠕虫病毒的侵害，最好的办法是打好相应的系统补丁，可以应用瑞星杀毒软件的"漏洞扫描"工具，这款工具可以引导用户打好补丁并进行相应的安全设置，杜绝病毒的感染。

通过电子邮件传播，是近年来病毒作者青睐的方式之一，如"恶鹰""网络天空"等都是危害巨大的邮件蠕虫病毒。这样的病毒往往会频繁大量地出现变种，用户中毒后往往会造成数据丢失、个人信息失窃、系统运行变慢等。而防范邮件蠕虫的最好办法，就是提高自己的安全意识，不要轻易打开带有附件的电子邮件。另外，启用瑞星杀毒软件的"邮件发送监控"和"邮件接收监控"功能，也可以提高自己对病毒邮件的防护能力。

对于普通用户来讲，防范聊天蠕虫的主要措施之一，就是提高安全防范意识，对于通过聊天软件发送的任何文件，都要经过好友确认后再运行；不要随意点击聊天软件发送的网络链接。随着网络和病毒编写技术的发展，综合利用多种途径的蠕虫也越来越多，比如有的蠕虫病毒就是通过电子邮件传播，同时利用系统漏洞侵入用户系统。还有的病毒会同时通过邮件、聊天软件等多种渠道传播。

4-27　防止蠕虫增强 Web 应用程序的身份验证有哪些方法？

增强 Web 应用程序的身份验证的方法包括：①区分公共区域和受限区域。②对最终用户账户使用账户锁定策略。③支持密码有效期。④能够禁用账户。⑤不要在用户存储中存储密码。⑥要求使用强密码。⑦不要在网络上以纯文本形式发送密码。⑧保护身份验证 Cookie。

4-28　国家电网有限公司的信息安全防御体系中，信息安全总体防护策略是什么？

"十二五"期间，国家电网有限公司建立了信息安全防御体系，信息安全总体防护策略是"分区分域、安全接入、动态感知、全面防护"，简单来说就是互联网防攻击，局域网防泄密。

第三节　无线安全

4-29　什么是无线局域网？

无线局域网（WLAN）是无线通信技术与计算机网络相结合的产物。它利用射频（RF）技术进行数据传输，是相当便利的数据传输系统，取代了旧式双绞铜线所构成的局域网，使用户能够随时随地接入网络，利用网络资源。

4-30　什么是无线传输？

无线传输（Wireless transmission）是指利用无线技术进行数据传输的一种方式。无线传输和有线传输是对应的。随着无线技术的日益发展，无线传输技术应用越来越被各行各业所接受。无线图像传输作为一个特殊使用方式也逐渐被广大用户看好。其安装方便、灵活性强、性价比高等特性使得更多行业的监控系统采用无线传输方式，建立被监控点和监控中心之间的连接。无线监控技术已经在现代化交通、运输、水利、航运、铁路、治安、消防、边防检查站、森林防火、公园、景区、厂区、小区、等领域得到了广泛的应用。

无线传输的分类有：①模拟微波传输。模拟微波传输就是把视频信号直接调制在微波的信道上（微波发射机，HD—630），通过天线（HD—1300LXB）发射出去，监控中心通过天线接收微波信号，然后再通过微波接收机（Microsat 600AM）解调出原来的视频信号。如果需要控制云台镜头，就在监控中心加相应的指令控制发射机（HD—2050），监控前端配置相应的指令接收机（HD—2060），这种监控方式图像非常清晰，没有延时，没有压缩损耗，造价便宜，施工安装调试简单，适合一般监控点不是很多，需要中继也不多的情况下使用。其弊端是：抗干扰能力较差，易受天气、周围环境的影响，传输距离有限，已逐步被数字微波、COFDM、3G、CDMA等取代。②数字微波传输。数字微波传输就是先把视频编码压缩（HD—6001D），然后通过数字微波（HD—9500）信道调制，再通过天线发射出去，接收端则相反，天线接收信号，微波解扩，视频解压缩，最后还原模拟的视频信号，也可微波解扩后通过计算机安装相应的解码软件，用计算机软解压视频，而且计算机还支持录像、回放、管理、云镜控制、报警控制等功能；存储服务器，配合磁盘阵列存储；这种监控方式图像有 720×576、352×288 或更高的分辨率选择，通过解码的存储方式，视频有 0.2~0.8 秒的延时。数字视频监控根据实际情况差别很大，但也有一些模拟微波不可比的优点，如监控点比较多，环境比较复杂，需要加中继的情况多，监控点比较集中，它可集中传输多路视频，抗干扰能力比模拟的要好一点等，适合在监控点比较多，需要中继也多的情况下使用，客观地讲，前期投资较高。

4-31　什么是无线专网？

专网是指存在的一个和外网分离的网络，通常是为了不被外网骚扰申请的，相当于内网，存在这种专网是可以和外网连接的。两者的区别是一个用网线连接，另一个是使用无线路由起到串联连接的功能。

4-32　无线局域网体系结构是怎样的？

目前较为流行的 WLAN 协议标准有：IEEE802.11 协议簇（Wi-Fi 标准）、蓝牙、HomeRF 等。IEEE802.11 是世界上第一个 WLAN 标准，它对国际 WLAN 工作频段、WLAN 拓扑结构、物理层及介质访问层安全性，移动漫游等特性都有较具体的规定。IEEE802.11 最初只是作为一种无线接入协议，而问世后可谓是异军突起，目前，Wi-Fi 技术已经被认为是无线网络发展的默认标准与方向。

4-33　Wi-Fi 安全使用建议有哪些？

Wi-Fi 安全的设置建议：①采用 WPA/WPA2 加密方式，不要用有缺陷的加密方式，这种加密方式是最常用的加密方式。②不要使用初始口令和密码，设置密码的时候，一定要选用长密码，复杂一些的，不能使用生日或电话号码等，定期更换密码。③无线路由器后台管理的用户名和密码一般均默认为 admin，一定要更改，否则路由器极易被入侵者控制。④禁用 WPS 功能，现有的 WPS 功能存在漏洞，使路由器的接入密码和后台管理密码有暴露可能。⑤启用 MAC 地址过滤功能，绑定经常使用的设备。经常登录路由器管理后台，看看有没有不熟悉的设备连入了 Wi-Fi，如有须断开并封掉 MAC 地址。封完以后马上修改 Wi-Fi 密码和路由器后台账号密码。⑥关闭远程管理端口，关闭路由器的 DHCP 功能，启用固定 IP 地址，不要让路由器自动分配 IP 地址。⑦平时使用要注意固件升级。有漏洞的无线路由器一定要及时打补丁升级或换成更安全的。⑧不管在手机端还是计算机端都应安装安全软件。对于黑客常用的钓鱼网站等攻击手法，安全软件可以及时拦截提醒。

4-34　无线网络的加密方式有哪些?

按照无线网络加密技术的发展历程，大致可以将无线网络的加密方式分为三种，即 WEP 加密方式、WPA 加密方式、WPA2 加密方式。实践证明，三种加密方式都存在被破解的可能。特别是 WEP 加密方式，被破解的可能性几乎达到了100%，并且破解耗时非常之少。WPA 和 WPA2 虽然安全程度提高了很多，但是也存在被破解的可能。

4-35　入侵无线网络的方法有哪些?

当前对无线网络加密破解的技术日趋成熟，无论是对于 WEP 密码还是 WPA密码，都衍生出了比较系统的破解方法和破解流程。

（1）WEP 加密的无线网络破解原理：使用工具软件对无线网络进行嗅探，抓取 WEP 通信数据包；在收集到足够的数据包之后，针对通信包中的密码碎片，进行统计分析计算；对密码进行重新排列组合，得出正确的密码顺序。

（2）破解 WPA 加密的无线网络 WPA 密码的破解难度比 WEP 加大了很多，而且对于 WPA 的破解必须在有合法的客户端存在的情况下才能进行。破解原理：攻击合法客户端令其断开与无线 AP 的连接，然后开始捕获客户端与无线AP 重新连接的数据包，这些数据包中就包含了 WPA 加密的密码，这些数据包又称为"握手包"。握手包中虽然包含 WPA 加密密码信息，但是无法通过运算直接获得，只能使用密码字典逐一试误得到。

4-36　有哪些无线网络安全防范策略?

以下列出了常用的提高无线网络安全的策略，需要注意的是，有些安全措施只适应于特定的无线网络环境。

（1）接入限制策略。接入限制是指通过设置一定的准许条件来阻止非授权计算机访问的方法。该方法适用于网络环境中客户端的计算机数量较少并且较为固定的情境。接入限制通过设置无线路由器的 MAC 地址过滤来实现，只要设置准许接入计算机的 MAC 地址即可。

（2）安全标准策略。WEP 标准已经被证明是极为不安全的，特别容易受到安全攻击，WPA 虽然也存在被破解的可能，但是其安全程度比 WEP 高了很多，因此建议采用 WPA 加密方式。

（3）修改路由器密码策略。为了无线路由器的安全，应当修改路由器所使用的用户名和密码，不要使用默认的用户名和密码。例如，很多路由器的默认用户名和密码都是"admin"，几乎成为众所周知的密码，也就毫无安全保障可言。

（4）降低无线 AP 功率策略。在无线网络中，无线 AP（接入点）的发射功率越高，其辐射的距离和范围越大。当设备覆盖范围远远超出其正常使用范围时，用户的无线网络就有可能遭遇盗用。在能够满足用户对无线网速需要的前提下，应当尽量减少无线 AP 的功率，降低被他人非法访问的可能性。

（5）强壮密码策略。对于使用 WPA 加密的无线网络密码，攻击者破解密码最为关键的一步就是使用字典工具暴力破解。使用强壮的密码，可以降低被暴力破解的可能，这种方法适用于所有的无线网络环境。

（6）定期修改密码。用户可以通过在不进行网络连接时关闭无线路由器、经常更换无线信号的加密密码等手段消磨攻击者的耐心、加大攻击者攻击的时间消耗，达到提高无线网络安全性的目的。

（7）不接入陌生无线 AP。用户原则上不应当接入陌生无线 AP，当必须接入到陌生无线 AP 时，一定要开启防火墙，减少被攻击和入侵的可能。

4-37 无线网络安全的薄弱环节有哪些？

1. 无线网络工作方式

无线网络通过电磁波传输信息，电磁波属于向四周发散的、不可视的网络介质，与有线网络传输介质的固定性、可视性和可监控性截然相反。电磁波的发散范围和区域是不受人为控制的，一些"不应当"接收到无线网络信号的区域也同样可以接收到信号。

2. 无线网络被攻击的方式多样

由于无线网络服务直接关系到用户的经济利益，因此针对攻击无线网络的研究越来越深入，攻击无线网络的方式越来越多，攻击无线网络的工具软件技术门槛也越来越低。在这种情况下，针对无线安全威胁的防范工作难以有针对性地开展。

3. 无线网络用户安全意识淡薄

根据对无线安全进行的安全调查报告，2008 年和 2009 年，无任何加密的无线网络信号的比例分别是 42% 和 27%，38% 的无线路由器登录密码为默认密码。也就是说，近 1/3 的无线网络信号是门户大开的，允许任何无线终端设备接入；在大约 1/3 的无线网络中，只要连接到无线网络就可以访问管理端并修改设置。

4-38　电力企业如何切实加强网络安全工作？

一是要按照横向到边、纵向到底，无死角全覆盖原则，全面开展安全检查。从网络安全责任落实情况，人防、技防措施落实情况等方面进行重点检查，确保网络安全零事件。

二是要严格落实电力工控系统安全防护措施，做好电力监控系统、配电自动化系统及相关配电终端、营销自动化系统等的安全管理。做好互联网安全保障，互联网网站及宣传类微博、微信按照要求采取安全加固、临时关停、强化口令等措施。

三是要全面梳理移动业务、移动终端存在的网络安全隐患，未按要求通过安全审查和备案的严禁上线运行，严禁未备案、未测评系统挂网运行，严禁将信息系统托管于外部单位或在外部单位开发系统，严禁未经国家电网有限公司审批将数据交于外部机构，严禁违规外联，严禁系统管理和终端用户弱口令。

四是要加强数据安全保护工作，落实数据安全职责，严防敏感信息泄露。

五是要严格落实等级保护要求，未落实等级保护要求的系统立即停运。

六是要严格落实人员安全管理要求，加强关键岗位人员的管理，强化全员（包括技术支持和业务外包人员）网络安全意识。

第五章　主机及应用安全

第一节　Web 应用安全

5-1　Web 应用常见的攻击有哪些?

Web 应用常见的攻击有：DoS 和 DDoS 攻击、XSS（跨站脚本）攻击、SQL 注入攻击、文件上传漏洞攻击。

5-2　应用系统的网络安全性主要注意哪些?

应用系统的网络安全性主要注意以下两点：①网络接入控制。未经批准严禁通过电话线、各类专线接到外网；如确有需求，必须申请备案后先进行与内网完全隔离，才可以实施。②网络安全域隔离。如果有需要与公司外部通信的服务器，应在保证自身安全的情况下放入公司防火墙 DMZ 区，该应用服务器与公司内部系统通信时，应采用内部读取数据的方式。其他类应用系统服务器放置在公司内部网中。

5-3　应用系统的系统平台安全性主要注意哪些?

应用系统的系统平台安全性主要注意以下两点：①病毒对系统的威胁，各应用系统的 WINDOWS 服务器关闭掉完全共享，并安装防毒客户端软件，启用实时防护，对系统全机进行周期性病毒扫描，以防止病毒入侵系统。②黑客的破坏和侵入也是主要威胁之一，应在主要应用系统的区域部署防火墙等安全设备，以防止黑客的入侵。对于重点系统可以考虑部署主机入侵检测系统来保证主机的安全性。

5-4　应用系统的接口安全性主要注意哪些?

应用系统的接口安全性主要注意以下两点:①接口安全性要求。职责分隔:应用系统接口是易受攻击的脆弱点,在重点应用系统中,应从职责管理上加强,将责任实现最佳分离。明确敏感客体和操作规定:在重点应用系统中,应能够根据可靠性、保密性和可用性三者定义每个数据客体(数据输入、数据存储和数据输出等)的安全需求,并通过系统实施时的培训来落实。错误容限规定:公司各类应用系统对错误的容限度和在可接受的限度内维护错误级别的需求必须被定义在安全需求中。可用性需求:公司各类应用系统为避免因为系统不能有效使用而产生的严重危害,必须制定可用性需求,然后根据需求采取措施来保证系统的可用性。②接口扩展性要求。接口标准性要求:对于各类应用系统应该能够尽量接口标准化,从而利于应用系统间信息的互通。对于应用系统建设、改造等有代表性的,需要制定相关接口标准,作为将来工作的参照。接口规范细化程度:对于各类应用系统接口规范应该尽量细化,减少接口描述不清出现新的安全隐患。对于重点应用系统应该有明确的接口类文档说明部分。

5-5　应用系统的安全管理有哪些?

应用系统安全管理方案如下:①建立管理体制。建立管理体制包括建立防范组织、健全规章制度和明确职责任务三部分。管理体制是进行管理的基础,规章制度应在权限的分配过程中建立,并可根据需要参照执行。重点应用系统应建立良好的管理体制并归档,对于其他类应用系统应逐步完善管理体制。②实施管理措施。实施管理措施应以实施存取控制和监督设备运行为主要内容。管理措施是对管理辅之以技术手段,达到强化管理的目的。重点类应用系统应建立起管理措施对应的规范化流程,其他类应用系统也应该明确其管理措施细节,落实到位。③加强教育培训。重点类应用系统安全培训应该以普及安全知识、教授安全措施的具体操作为重点。其他类应用系统应在系统帮助里面注明有关操作条目。

5-6　怎么对最终用户账户使用账户锁定策略?

当最终用户账户几次登录尝试失败后,可以禁用该账户或将事件写入日志。

如果使用 Windows 验证（如 NTLM 或 Kerberos 协议），操作系统可以自动配置并应用这些策略。如果使用表单验证，则这些策略是应用程序应该完成的任务，必须在设计阶段将这些策略合并到应用程序中。

需要注意的是，账户锁定策略不能用于抵制服务攻击。例如，应该使用自定义账户名替代已知的默认服务账户（如 IUSR_MACHINENAME），以防止获得 Internet 信息服务（IIS）Web 服务器名称的攻击者锁定这一重要账户。

5-7 如何保护账户身份验证 Cookie？

身份验证 Cookie 被窃取意味着登录被窃取。可以通过加密和安全的通信通道来保护验证票证。另外，还应限制验证票证的有效期，以防止因重复攻击导致的欺骗威胁。在重复攻击中，攻击者可以捕获 Cookie，并使用它来非法访问您的站点。减少 Cookie 超时时间虽然不能阻止重复攻击，但确实能限制攻击者利用窃取的 Cookie 来访问站点的时间。

5-8 应用系统的密码有效期指什么？

密码不应固定不变，而应作为常规密码维护的一部分，通过设置密码有效期对密码进行更改。在应用程序设计阶段，应该考虑提供这种类型的功能。

5-9 为什么要使用强密码？

使用强密码是为防止攻击者能轻松破解密码。有很多可用的密码编制指南，但通常的做法是要求输入至少 8 位字符，其中要包含大写字母、小写字母、数字和特殊字符。无论是使用平台实施密码验证还是开发自己的验证策略，此步骤在对付粗暴攻击时都是必需的。在粗暴攻击中，攻击者试图通过系统的试错法来破解密码。使用常规表达式协助强密码验证。

5-10 为什么网络上不以明文方式存储密码？

以明文形式在网络上发送的密码容易被窃听。为了解决这一问题，应确保通信通道的安全，如使用 SSL 对数据流加密。

第二节　操作系统级安全

5-11　操作系统有哪些安全性能？

操作系统的安全性能如下。

1. 用户认证能力

操作系统的许多保护措施大都基于鉴别系统的合法用户，身份鉴别是操作系统中相当重要的一个方面，也是用户获取权限的关键。为防止非法用户存取系统资源，操作系统采取了切实可行的、极为严密的安全措施。

2. 抵御恶意破坏能力

恶意破坏可以使用安全漏洞扫描工具、特洛伊木马、计算机病毒等方法实现。一个安全的操作系统应该尽可能减少漏洞存在，避免各种后门出现。

3. 监控和审计日志能力

从技术管理的角度考虑，可以从监控和审计日志两个方面提高系统的安全性。

身份鉴别服务用来确认任何试图登录到域或访问网络资源的用户身份。在Windows 环境中，用户身份鉴别有两种方式：①互动式登录，向域账户或本地计算机确认用户的身份；②网络身份鉴别，向用户试图访问的任何网络服务确认用户的身份。

5-12　在 Windows 环境中，用户身份鉴别有哪些方式？

身份鉴别服务用来确认任何试图登录到域或访问网络资源的用户身份。在Windows 环境中，用户身份鉴别有两种方式：①互动式登录，向域账户或本地计算机确认用户的身份；②网络身份鉴别，向用户试图访问的任何网络服务确认用户的身份。

5-13 Windows 系统上的账号及密码安全可以通过哪些方式改进?

（1）检查密码策略：查看系统的密码策略，确定其中的密码是否是有期限的，在设置密码的时候，应该考虑到密码老化的问题。最长的时间应为 180 天。密码的最短长度应该至少为 8 个字符，三次错误登录就应该锁住该账号，还有密码的唯一性（如记录三次密码）。这样都可以防止攻击者通过猜测密码来实施攻击。

（2）删除无用或过期账号：查看哪些账号是没有用的或者是已经过期了的，然后将其删除。

（3）检查是否存在空密码的账号：查看所有账号是否有空密码。其中 Administrator 和 Guest 账号要留意。

（4）屏幕保护使用密码保护：用密码屏幕保护来增加 NT 服务器的物理保护。屏幕保护的时间建议是 5 分钟或更少。

5-14 Linux 安全分类有哪些?

Linux 通过以下三个方面考虑安全。

底层系统安全：①关注漏洞库及时升级内核版本防止提权。②禁止服务账号登录。③限制 root 登录（本地 su- 登录）。④ grub 引导加密，禁用本地 root 登录。

访问控制安全：①通过 iptables 入站规则将公开和非公开服务区分，指向用户提供 Web 接口。② SSH 服务配置白名单限制 IP 登录。③ SSH 密钥 + 密码登录。④ iptables 限制远程登录 22 端口的 IP 地址。

应用服务安全：①避免使用 root 权限对外提供服务。②站点权限：文件夹 750，页面文件 640，缓存目录可读写 770。③站点上传目录（用于上传图片、附件等）禁止再次解析成动态页。④服务漏洞（防止已知版本漏洞）。⑤限制访问与并发量。⑥伪装版本号（编译安装）。⑦配置入侵检测：AIDE 高级入侵检测 + 外部邮件告警。

5-15　Liunx 系统下如何禁止不需要的 telnet、FTP 等服务?

（1）编辑 /etc/inetd.conf 文件，在其中就可以禁用包括 telnet、FTP、imap、talk 及 finger 等在内的服务。

（2）用 chmod600/etc/inetd.conf 命令修改该文件的权限。

（3）再运行 killall‑HUPinet 使修改生效。

另一种方法就是使用 TCP 来限制对本机上述服务的访问。

（1）修改 /etc/hosts.deny 为 "ALL：ALL" 拒绝所有对本机的访问。

（2）然后在 /etc/hosts.allow 中分别添加允许访问的服务与对应主机的 IP 行。例如，telnet：192.168.1.2/255.255.255.0liuyuan。

（3）可以用 tcpdchk 来检查这两个文件设置的正确性。

5-16　Linux 系统下如何防止 IP 欺骗?

用 vi 编辑器编辑 host.conf 文件，在其中添加下列所示的几行，就可以防止 IP 欺骗：

orderbing，hosts

multioff

nospoofon

5-17　应该如何保护注册表的安全?

对于注册表应严格限制只能在本地进行注册，不能被远程访问。可以利用文件管理器设置只允许网络管理员使用注册表编辑工具 regedit.exe，限制对注册表编辑工具的访问。也可使用一些工具软件来锁住注册表。或利用 regedit.exe 修改注册表键值的访问权限。

5-18　什么是安全账号认证包（Authentication Package）?

认证包可以为真实用户提供认证。通过 GINADLL 的可信认证后，认证包返回用户的 SIDs 给 LSA，然后将其放在用户的访问令牌中。

5-19　什么是双因子认证?

可用于认证的因子可有三种:第一种因子最常见的就是口令等知识,第二种因子如 IC 卡、令牌,USBKey 等实物,第三种因子是指人的生物特征。所谓双因子认证,就是指必须使用上述三种认证因子的任意两者的组合才能通过认证的认证方法。

5-20　用户权利、权限和共享权限所代表的含义是什么?

权利: 在系统上完成特定动作的授权,一般由系统指定给内置组,但也可以由管理员将其扩大到组和用户上。

权限: 可以授予用户或组的文件系统能力。

共享: 用户可以通过网络使用的文件夹。

第三节　数据库安全

5-21　什么是服务器安全数据库?

安全数据库通常是指在具有关系型数据库一般功能的基础上,提高数据库安全性,达到美国 TCSEC 和 TDI 的 B1(安全标记保护)级标准,或中国国家标准《计算机信息系统安全保护等级划分准则》的第三级(安全标记保护级)以上安全标准的数据库管理系统。

5-22　安全数据库和普通数据库的区别在哪里?

安全数据库在通用数据库的基础上进行了诸多重要机制的安全增强,通常包括:安全标记及强制访问控制(MAC)、数据存储加密、数据通信加密、强化身份鉴别、安全审计、三权分立等安全机制。

5-23　数据库安全技术有哪些?

数据库安全技术主要包括:数据库漏扫、数据库加密、数据库防火墙、数据脱敏、数据库安全审计系统。

5-24　数据库安全的独立性是什么?

数据独立性包括物理独立性和逻辑独立性两个方面。物理独立性是指用户的应用程序与存储在磁盘上的数据库中的数据是相互独立的;逻辑独立性是指用户的应用程序与数据库的逻辑结构是相互独立的。

5-25　数据库安全的安全性是什么?

操作系统中的对象一般情况下是文件,而数据库支持的应用要求更为精细。通常比较完整的数据库对数据安全性采取以下措施:

(1)将数据库中需要保护的部分与其他部分相隔;

(2)采用授权规则,如账户、口令和权限控制等访问控制方法;

(3)对数据进行加密后存储于数据库。

5-26　数据库安全的数据完整性是什么?

数据完整性包括数据的正确性、有效性和一致性。正确性是指数据的输入值与数据表对应域的类型一样;有效性是指数据库中的理论数值满足现实应用中对该数值段的约束;一致性是指不同用户使用的同一数据应该是一样的。保证数据的完整性,需要防止合法用户使用数据库时向数据库中加入不合语义的数据。

5-27　数据库安全的并发控制是什么?

如果数据库应用要实现多用户共享数据,就可能在同一时刻多个用户要存取数据,这种事件叫作并发事件。当一个用户取出数据进行修改,在修改存入数据库之前如有其他用户再取此数据,那么读出的数据就是不正确的。这时就需要对这种并发操作施行控制,排除和避免这种错误的发生,保证数据的正确性。

5-28　如何提升服务器数据安全?

服务器的数据安全变得越来越重要,那么为了提升服务器数据安全,有四个方法来达到目的。

(1)可以采取定期备份数据。

（2）建立容灾中心。

（3）采用 raid 磁盘阵列存储数据。

（4）不盲目操作或者修改数据等操作。

5-29 对企业来说，数据安全策略都有哪些缺口？

在当代环境下企业数据安全策略虽然做得相对比较完善，但仍然存在一些尚未能弥补之处，如还存在行为缺口、可见性缺口、控制缺口、响应时间缺口、移动缺口、内容缺口等 6 个缺口。

行为缺口，人为过失需要对全球 25% 的数据泄露事件负责。波耐蒙研究所的《数据泄露损失研究》揭示，至少 1/4 的数据泄露是由于员工的疏忽所致。员工会因为软件或工具难用就不使用。会绕过安全 FTP 服务器，将数据从安全文件中复制粘贴出来，形成不安全的文档，然后将这些敏感文件用附件发到自己的邮件账户中——仅仅是为了逃避跟过时又难用的内部系统较劲。敏感数据偷溜过企业外墙孔洞大多就是缘于这个主要的盲点。

可见性缺口，公司企业损失信息，往往是因为敏感信息被发送出防护墙后，公司便无法得知这些信息是在何时、何地、被怎样使用的。你的客户把信息转发给不应该看到的人的频率有多高？第三方承包商到底对你的信息做了什么？统计数据令你大吃一惊：60% 的员工收到过不应该看到的文件。如果数据应被监管，责任落在企业的身上，即使你看不到它。

控制缺口，一旦数据偷溜出层层防护墙，IT 和安全团队就失去了对丢失文件的锁定能力，封锁被泄信息，或者不让数据落入非法浏览者手中也不可能了。世上没有"撤销"按钮供你撤销对文件的访问。该缺口在 Box 和 Dropbox 文件同步共享出现之前就存在了，但依然是众多云合作和存储恐惧的根源。

响应时间缺口，因为理解和响应引入工作中的新技术存在时间差，所以会丢失数据。在急于搞定业务的匆忙中，安全通常被置于追赶的位置。而安全事件，就是这一缺口的计划外后果。你的安全必须跟上业务的速度，同时还要有适应未知的灵活性。

移动缺口，当前的移动安全解决方案不能搞定现代协作企业的现实。出于对分类和管理物理设备的需要，企业移动性管理和移动设备管理平台，是 IT 提供每个设备时的必要工具。然而，绕过安全容器，将数据发送到非受管设备，在第三方应用中访问这些数据，却再简单不过了。而这甚至解决不了移动缺口的最大部分——客户和合作伙伴用来获取信息的手机和平板。EMM 解决方案管不到企业以外的地方，因而你得将精力放到直接保护重要的东西上——客户和合作伙伴访问的文档和数据。

内容缺口，要保护创意，首先要保护好所创建的内容。当今世界，内容早已不局限在 Office 文件和 PDF 文档上了。我们正在产生多种多样的内容，包括 3DPDF 文档、视频、医疗图像、设计文件，甚至自产自销的定制数据。由于创建的内容类型一直在改变和升级，安全也不能局限于仅仅保护文件子集。为堵上内容缺口，安全必须包含所有形式的信息。

5-30　数据安全还涉及哪些方面的技术？

数据安全还需要涉及的技术有：一是用户标识和鉴别：该方法由系统提供一定的方式让用户标识自己的名字或身份。每次用户要求进入系统时，由系统进行核对，通过鉴定后才提供系统的使用权。二是存取控制：通过用户权限定义和合法权检查确保只有合法权限的用户访问数据库，所有未被授权的人员无法存取数据。例如，C2 级中的自主存取控制（Ｉ）AC，Bl 级中的强制存取控制（Ｍ．AC）。三是视图机制：为不同的用户定义视图，通过视图机制把要保密的数据对无权存取的用户隐藏起来，从而自动地对数据提供一定程度的安全保护。四是审计：建立审计日志，把用户对数据库的所有操作自动记录下来放入审计日志中，DBA 可以利用审计跟踪的信息，重现导致数据库现有状况的一系列事件，找出非法存取数据的人、时间和内容等。五是数据加密：对存储和传输的数据进行加密处理，从而使得不知道解密算法的人无法获知数据的内容。

第六章 数据安全

第一节 数据存储安全

6-1 什么是数据安全?

数据安全有两方面的含义。一方面是数据本身的安全，主要是指采用现代密码算法对数据进行主动保护，如数据保密、数据完整性、双向强身份认证等；另一方面是数据防护的安全，主要是采用现代信息存储手段对数据进行主动防护，如通过磁盘阵列、数据备份、异地容灾等手段保证数据的安全，数据安全是一种主动的包含措施，数据本身的安全必须基于可靠的加密算法与安全体系，主要是有对称算法与公开密钥密码体系两种。

6-2 数据安全有哪些基本特点?

数据安全有三个基本特点。

第一个特点是机密性，又称为保密性，是指个人或团体的信息不为其他不应获得者获得。在计算机中，许多软件包括邮件软件、网络浏览器等，都有保密性相关的设定，用以维护用户资讯的保密性，另外，间谍档案或黑客有可能会造成保密性的问题。

第二个特点是完整性，数据在传输、存储的过程中，确保信息或数据不被未授权的篡改、删除。

第三个特点是可用性，以互联网网站的设计为例，希望让使用者在浏览的过程中不会产生压力或感到挫折，并能让使用者在使用网站功能时，能用最少的努力发挥最大的效能。基于这个原因，任何有违信息的"可用性"都算是违反信息安全的规定。

6-3　威胁数据安全的因素有哪些?

威胁数据安全的因素有很多,比较常见的有硬盘驱动器损坏、人为错误、黑客攻击、病毒攻击、信息窃取、自然灾害、电源故障、磁干扰等。一个硬盘驱动器的物理损坏意味着数据丢失。设备的运行损耗、存储介质失效、运行环境以及人为的破坏等,都能对硬盘驱动器设备造成影响。人为错误是由于操作失误,使用者可能会误删除系统的重要文件,或者修改影响系统运行的参数,以及没有按照规定要求或操作不当导致的系统宕机。当遇到电源故障的时候,电源供给系统故障,一个瞬间过载电功率会损坏在硬盘或存储设备上的数据。

6-4　企业级服务器的文件安全的构建应该考虑哪些因素?

企业级服务器的安全环境的构建主要考虑的有三个方面:一是硬件,二是软件,三是管理。硬件因素即服务器在日常的维护中,机房网管应当防止意外事件或人为破坏设备的情况发生,每天例行检查如服务器、交换机、路由器、机柜、线路等。尤其要注意影响服务器稳定的一些细节因素,如除尘、湿度、电压等。在服务器的升级换代过程中,要跟随企业业务的需求,升级服务器的配置或是增加刀架存储时,尤其要注意硬件的兼容性和稳定性,一旦出现故障或是不稳定,对企业造成的损失是很大的,要定期做好数据备份工作,建立冗余服务器以备不时之需。此外,要做好硬件的安全设置,做好服务器和交换机的密码工程工作,这也是保证硬件安全重要的一环,对于服务器和交换的权限要严格做好保护工作,防止黑客入侵,以免对企业造成损失,定期更改密码等措施都是有效的方法之一。软件因素:软件因素相对比较复杂,影响也比较广泛,这里就不做过多解释。在管理机制服务器安全环境因素中,日常管理策略是最重要的也是最容易被忽略的一环。管理机制能够有效地协调整个系统的运作和降低损失。①定期对服务器进行备份。服务器可能会因为各种各样的原因出现宕机或是数据丢失,如操作不当、断电、不可预料的系统故障等。为了防止存储的数据丢失,应该定期对系统内的数据进行备份,根据需求,虚拟主机评测网编辑建议至少一个星期一次。此外,利用简历服务器集群,把数据同时备份到不同的服务器上,进行冗余备份,以备后患。②系统日志的监测。很多系统管理员都会忽视系统日志,系统日志，顾名思义就是记录系统的操作记录，如登录时间、进行了什么操作等，系统会定期生产报表，而系统管理员所要做的就是通过运行系统日志程序对系统进行分析，查看是否存在潜在异常现象。③其他管理方面。其他管理方面的任务就是对于机房权限和服务器权限的管理，要严格控制机房的出入，防止无关人员有意或无意对机房内的硬件造成损失，服务器的密码也应该有专人掌控，严禁外泄，可以签署保密协议等。

6-5 服务器安全问题频繁多样，是否存在实用操作可以大幅度地提高公司的服务器安全?

服务器安全问题的出现虽然频繁多样，但只要能知道常见攻击手段的原理及掌握一些预防攻击的小细节，很多麻烦都能迎刃而解。第一，保护好服务器超级管理员密码。经常更换密码，且密码最好为 12~16 位的数字、字母加特殊符号的不规则排列组合。第二，养成及时到微软官方网站检查是否有更新系统补丁，第一时间升级系统。第三，定期到黑客网站查看是否有微软尚未发现的漏洞。服务器的漏洞多数是黑客先发现的。第四，定期用各种安全扫描工具自我扫描。第五，尽量少开端口，不必要开的端口不要开启。第六，服务器不要安装任何游戏软件或其他软件。黑客会利用以上软件漏洞入侵服务器。

6-6 保护文件服务器中的文件安全都有哪些安全措施?

文件服务器负责公司电子文档共享和存储服务，有严格的权限配置和保护措施来保证数据安全，具体的安全措施有用户操作权限管理、服务器设置系统安全、服务器物理位置安全、内部网络通信安全、网络备份、数据安全保护系统等。用户操作权限管理，"完全控制"权限分配给各部门相关负责人，修改文件操作，都必须经过相关负责人，其他人员只有查看权限，或者根据用户需求自定义权限。服务器设置系统安全，用户进入文件服务器访问文件须通过身份认证（域账号）才能进入。服务器物理位置安全，文件服务器设在专业的数据中心，设有消防、门禁系统、报警系统、空调等设施，具有防火、防高温、防震、防磁、防静电及防盗等功能。内部网络通信安全，数据中心安装了硬件防火墙，防止外网黑客恶意攻击。数据备份，每周、每月进行一次全量备份，每天进行增量备份，每天、每周进行的备份保留 10 周，每月进行一次的备份保留 1 年，数据备份介质存放在专业的防火防磁柜，并定期转移备份介质到异地。如有用户需求，数据恢复可在 4~24 小时内完成。数据安全保护系统，文件服务器安装了 Symantec 反病毒程序，定期扫描文件，实时更新病毒库。

6-7　怎样才能保证 Web 服务器数据安全？

一是物理安全方面，服务器应该安放在安装了监视器的隔离房间内，并且监视器要保留 15 天以上的摄像记录。另外，机箱、键盘、电脑桌抽屉要上锁，以确保旁人即使进入房间也无法使用计算机，钥匙要放在另外的安全的地方。二是账户安全，把管理员 Adminstrator 用户改名，启用密码安全策略，保证密码长度，启用密码锁定策略，防止暴力破解，创建新的用户，加入 Administrators 组，防止唯一的管理员用户被锁，停用 guest 用户。三是停止不需要的服务、关闭不必要的端口。四是开启密码策略、开启账户策略。五是设定安全记录的访问权限安全记录在默认情况下是没有保护的，把他设置成只有 Administrator 和系统账户才有权访问。六是把敏感文件存放在另外的文件服务器中。虽然现在服务器的硬盘容量都很大，但是你还是应该考虑是否有必要把一些重要的用户数据（文件、数据表、项目文件等）存放在另外一个安全的服务器中，并且经常备份。七是不让系统显示上次登录的用户名。在默认情况下，终端服务接入服务器时，登录对话框中会显示上次登录的账户名，本地的登录对话框也是一样。这使得他人可以很容易地得到系统的一些用户名，进而做密码猜测。修改注册表可以避免对话框内显示上次登录的用户名。八是到微软网站下载最新的补丁程序。很多网络管理员没有访问安全站点的习惯，以致一些漏洞都出了很久了，还放着服务器的漏洞不补给人家当靶子用。谁也不敢保证数百万行以上代码的系统不出一点安全漏洞，经常访问微软和一些安全站点，下载最新的 servicepack 和漏洞补丁，是保障服务器长久安全的唯一方法。九是杀毒软件的安装，如瑞星、江民、金山、诺顿、卡巴斯基等。

6-8　为了确保公司的数据安全，公司一般设立哪些有效制度？

不同的单位和组织，都有自己的网络信息中心，为了确保信息中心、网络中心机房重要数据的安全，一般要根据国家法律和有关规定制定，适合本单位的数据安全制度包括：第一，对应用系统使用、产生的介质或数据按其重要性进行分类，对存放有重要数据的介质，应备份必要份数，并分别存放在不同的安全地方（防火、防高温、防震、防磁、防静电及防盗），建立严格的保密保管制度。第二，保留在机房内的重要数据（介质），应为系统有效运行所必需的最少数量，除此之外不应保留在机房内。第三，根据数据的保密规定和用途，确定使用人员的存取权限、存取方式和审批手续。第四，重要数据（介质）库，应设专人负责登记保管，未经批准，不得随意挪用重要数据（介质）。第五，在使用重要数据（介质）期间，应严格按国家保密规定控制转借或复制，需要使用或复制的须经批准。第六，对所有重要数据（介质）应定期检查，要考虑介质的安全保存期限，及时更新复制。损坏、废弃或过时的重要数据（介质）应由专人负责消磁处理，秘密级以上的重要数据（介质）在过保密期或废弃不用时，要及时销毁。第七，机密数据处理作业结束时，应及时清除存储器、联机磁带、磁盘及其他介质上有关作业的程序和数据。第八，机密级及以上秘密信息存储设备不得并入互联网。重要数据不得外泄，重要数据的输入及修改应由专人来完成。重要数据的打印输出及外存介质应存放在安全的地方，打印出的废纸应及时销毁。

6-9 对企业来说保护关键的业务数据安全有哪些基本方法？

数据是信息化潮流真正的主题，企业已经把关键数据视为正常运作的基础。一旦遭遇数据灾难，那么整体工作会陷入瘫痪，带来难以估量的损失。保护关键的业务数据有许多种方法，但以下三种是基本方法。

第一种是备份关键的数据。备份数据就是在其他介质上保存数据的副本。例如，可以把所有重要的文件烧录到一张 CD-ROM 或第二个硬盘上。有两种基本的备份方法：完整备份和增量备份。完整备份会把所选的数据完整地复制到其他介质。增量备份仅备份上次完整备份以来添加或更改的数据。通过增量备份扩充完整备份通常较快且占用较少的存储空间。可以考虑每周进行一次完整备份，然后每天进行增量备份。但是，如果要在崩溃后恢复数据，则要花费较长的时间，因为首先必须要恢复完整备份，然后才恢复每个增量备份。如果对此感到担忧，则可以采取另一种方案，即每晚进行完整备份；只需使备份在下班后自动运行即可。通过实际把数据恢复到测试位置来经常测试备份，可以确保备份介质和备份数据状况良好、确定恢复过程中的问题、可提供一定程度的信心。不仅必须确保数据以精确和安全的方式得到备份，而且必须确保在需要进行恢复时，这些数据能够顺利地装回系统中。

　　第二种是建立权限。操作系统和服务器都可对由于员工的活动所造成的数据丢失提供保护。通过服务器，可以根据用户在组织内的角色和职责而为其分配不同级别的权限。不应为所有用户提供"管理员"访问权，这并不是维护安全环境的最佳做法，而是应制定"赋予最低权限"策略，把服务器配置为赋予各个用户仅能使用特定的程序并明确定义用户权限。

　　第三种是对敏感数据加密。对数据加密意味着把其转换为一种可伪装数据的格式。加密用于在网络间存储或移动数据时确保其机密性和完整性。仅那些具有工具来对加密文件进行解密的授权用户才可以访问这些文件。加密对其他访问控制方法是一种补充，且对容易被盗的计算机（例如便携式计算机）上的数据或网络上共享的文件提供多一层保护。把这三种方法结合起来，应该可以为大多数企业提供保证数据安全所需的保护级别。

6-10　公司数据是否只要放在本地存储不与云端接触就比较安全？

　　这种说法是错误的。数据放在本地端也有很多威胁存在，如物理设备丢失、员工不当行为、第三方（合作伙伴）不当行为、恶意内部人员。

6-11　硬件加密技术与软件加密技术的区别？

　　硬件加密技术一般指的是采用 AES128 位或 256 位硬件数据加密技术对产品硬件进行加密，具备防止暴力破解、密码猜测、数据恢复等功能。而软件加密则是通过产品内置的加密软件实现对存储设备的加密功能。硬件加密一般是指 USB加密狗加密，同时硬件加密还可以配合软件一起加密，如变成和算法，硬件加密具有加密程度高、稳定、商业应用中具有说服力强等优势，软件加密一般是指编程虚拟加壳和算法，一般通俗一点是一机一码，或是多壳加密，软件加密具有网络传输方便等优势，一般应用于网络小型软件。

6-12　电力企业如何加强数据安全技术保护？

　　电力企业要落实数据安全技术保护与信息系统同步规划、同步建设、同步使用的"三同步"原则，加强数据安全技术审查、检测、监测审计和应急处置，强化数据全生命周期的技术保护。

数据采集与传输环节，明确可采集数据内容及重要程度，明确数据安全保护对象，落实重要数据内容加密传输以及数据完整性、有效性检测措施，强化数据质量、数据分类和重要性定级机制。

数据存储环节，明确重要数据的安全存储与使用级别，对重要数据进行必要强度的加密存储，强化重要数据备份措施，禁止与互联网或其他公用网络相联的计算机、智能手机、平板电脑等终端设备存储、处理公司涉密数据。

数据使用环节，落实公司业务授权及账号权限管理要求，合理分配数据访问权限，强化数据访问控制；排查整改业务逻辑缺陷和漏洞，防止失泄密事件；加快数据脱敏等用户敏感数据保护措施建设；健全数据安全日志审计、监测预警、态势感知机制。

数据销毁环节，依据《国网办公厅关于规范电子数据恢复、擦除与销毁工作的通知》（办信通〔2014〕54号）要求开展数据恢复、擦除与销毁等工作。

6-13 目前电力行业数据存储安全现状如何？

数据库管理系统大量的信息存储在各种各样的数据库内，包括上网看到的所有信息，数据库主要考虑的是信息方便存储、利用和管理，但在安全方面考虑得比较少。例如：授权用户超出了访问权限进行数据的更改活动；非法用户绕过安全内核，窃取信息。对于数据库的安全而言，就是要保证数据的安全可靠和正确有效，即确保数据的安全性、完整性。数据的安全性是防止数据库被破坏和非法地存取；数据库的完整性是防止数据库中存在不符合语义的数据。

6-14 数据库审计软件有哪些审计方法？

针对审计目的的不同，有多种审计方法可以使用。

（1）日志分析：通过分析数据库系统中业务数据的交易、操作日志，来发现违规的风险；通过分析数据库系统自身的各种日志，然后提前发现黑客攻击、系统故障等数据库风险。

（2）风险分析：风险分析是使用得比较广泛的一种分析方法，它同时涵盖了日志分析方法。它主要就是依据一套风险分析理论，来对数据库的管理、技术等方面进行比较全面的分析，看它们存在的风险有哪些，并针对这些风险进行审计。

（3）数据核对：数据核对又称为数据验证，主要是针对数据风险而言的，采用的方法也比较多，如重新计算、倒推法、比对法、程序分析、重新执行等，这些方法在使用时可能会比较耗时、耗力。但是这些方法却是非常有价值的，因为数据库最终是为数据服务的，数据不准、有问题只有两种情况下才能知道，即验算之后或者使用过程中。

（4）数据流分析：就是利用数据的生命周期，从数据的需求来分析、审批、更新、权限分配、流转等，分析数据存在的风险，验证数据控制措施的有效。

（5）测试：首先设置一个关键的测试点，然后来验证数据库对数据的管理过程是否有效。有效性测试、穿行测试、实质性测试等是常见的测试方法。

6-15　什么是撞库攻击？

撞库是黑客通过收集互联网已泄露的用户和密码信息，生成对应的字典表，尝试批量登录其他网站后，得到一系列可以登录的用户。很多用户在不同网站使用的是相同的账号和密码，因此黑客可以通过获取用户在 A 网站的账户从而尝试登录 B 网址，这就可以理解为撞库攻击。

撞库可以通过数据库安全防护技术解决，数据库安全技术主要包括：数据库漏扫、数据库加密、数据库防火墙、数据脱敏、数据库安全审计系统。

第二节　数据传输安全

6-16　网络传输的三次握手是什么？

所谓三次握手（threetimeshandshake；three-wayhandshake），即对每次发送的数据量是怎样跟踪进行协商，使数据段的发送和接收同步，根据所接收到的数据量而确定的数据确认数及数据发送、接收完毕后何时撤销联系，并建立虚连接。

为了提供可靠的传送，TCP 在发送新的数据之前，以特定的顺序发送数据包，并接收这些包传送给目标机之后的确认消息。TCP 总是用来发送大批量的数据。当应用程序在收到数据后要做出确认时也要用到 TCP。

6-17　网络传输可以分为哪些层次？

层次一：物理环境的安全性（物理层安全）。

层次二：操作系统的安全性（系统层安全）。

层次三：网络的安全性（网络层安全）。

层次四：应用的安全性（应用层安全）。

层次五：管理的安全性（管理层安全）。

6-18　网络传输中的面向连接和非面向连接的服务的特点是什么？

面向连接的服务，通信双方在进行通信之前，要先在双方建立起一个完整的可以彼此沟通的通道，在通信过程中，整个连接的情况一直可以被实时的监控和管理。非面向连接的服务，不需要预先建立一个联络两个通信节点的连接，需要通信的时候，发送节点就可以往网络上发送信息，让信息自主地在网络上去传，一般在传输的过程中不再加以监控。

6-19　什么是加密算法？

数据加密的基本过程就是对原来为明文的文件或数据按某种算法进行处理，使其成为不可读的一段代码，通常称为"密文"，使其只能在输入相应的密钥之后才能显示出本来的内容，通过这样的途径来达到保护数据不被非法人窃取、阅读的目的。该过程的逆过程为解密，即将该编码信息转化为其原来数据的过程。

6-20　超文本传输协议 HTTP 是什么？包括哪些请求？

超文本传输协议（Hyper Text Transfer Protocol，HTTP）是互联网上应用最为广泛的一种网络协议。HTTP 基于客户机 / 服务器工作模式，是客户端浏览器或其他程序与 Web 服务器之间的应用层通信协议。

HTTP 协议包括以下请求：

GET：请求读取由 URL 所标记的信息。

POST：给服务器添加信息（如注释）。

PUT：在给定的 URL 下存储一个文档。

DELETE：删除给定的 URL 所标记的资源。

6-21　统一资源定位符（URL）指的是什么？

URL 描述了网上资源的访问方式（传输协议类型）和所在的位置（网址），主要由协议类型、主机名、路径及文件名三部分组成。

6-22　为什么数据传输需要 HTTPS？

HTTP 是明文传输的，也就意味着，介于发送端、接收端中间的任意节点都可以知道你们传输的内容是什么。这些节点可能是路由器、代理等。

例如，用户登录。用户输入账号和密码，如果采用 HTTP 的话，只要在代理服务器上做点手脚就可以拿到你的密码了。

用户登录→代理服务器（做手脚）→实际授权服务器。

在发送端对密码进行加密是没有用的，虽然别人不知道你原始密码是多少，但能够拿到加密后的账号和密码，同样能登录。

6-23　HTTPS 是如何保证数据传输的安全？

HTTPS 即 secure http，是 HTTP 的安全升级版。HTTP 是应用层协议，位于 HTTP 协议之下是传输协议 TCP。TCP 负责传输，HTTP 则定义了数据如何进行包装。

HTTP → TCP（明文传输）

HTTPS 与 HTTP 相比，只是在 HTTP 和 TCP 中间加多了一层加密层 TLS/SSL。

6-24　什么是 TLS/SSL？

通俗地讲，TLS、SSL 其实是类似的东西，SSL 是个加密套件，负责对 HTTP 的数据进行加密。TLS 是 SSL 的升级版。现在提到的 HTTPS，加密套件基本指的是 TLS。

6-25　传输加密的流程是什么?

原先是应用层将数据直接给到 TCP 进行传输, 现在改成应用层将数据给到 TLS/SSL, 将数据加密后, 再给到 TCP 进行传输。

6-26　证书可能存在的问题有哪些?

了解了 HTTPS 加密通信的流程后, 对于数据裸奔的疑虑应该基本打消了。然而, 可能有人又有疑问了: 如何确保证书的合法有效呢?

证书非法可能有两种情况: ①证书是伪造的, 压根不是 CA 颁发的; ②证书被篡改过, 如将 ×× 网站的公钥替换了。

6-27　如何辨别非法证书?

（1）证书颁发的机构是伪造的: 浏览器不认识, 直接认为是危险证书。

（2）证书颁发的机构是确实存在的, 于是根据 CA 名, 找到对应内置的 CA 证书、CA 公钥。用 CA 公钥, 对伪造的证书的摘要进行解密, 如果解不了, 则认为是危险证书。

6-28　如何保证服务器硬盘上的数据的安全性?

保证数据服务器硬盘上数据的安全性主要从以下几个方面来进行: ①及时更新最新最全补丁。即使服务器没有连接到互联网, 仍然要保证软件系统的更新, 可以通过网络上的另一个运行服务器更新策略服务来完成。如果服务器不联网不实际的话, 那么应该确保更新设置为自动下载并应用补丁。②定时检查工作。定时检查服务器的网络连接状况、定时检查服务器操作系统运行状况、定时检查服务器系统日志、定时检查磁盘剩余空间, 以确保有充足的空间存储数据。③磁盘阵列。就是把 2 个或 2 个以上的物理硬盘组合成 1 个逻辑硬盘, 极大地提高了数据的稳定性和传输速度。同时, 安全性也有了非常高的保障。服务器硬盘的发展目前已达到 10000r/s, 在运行过程中, 一些细小的故障都有可能造成硬盘物理损坏, 所以一般服务器都采用 Raid 磁盘阵列存储, 加强服务器硬盘的容错功能。其中, 任意一个硬盘发生故障时, 仍可读出数据。④除了做磁盘阵列外, 对于一些十分重要的数据要实时进行备份，利用专业备份软件，定期定时做相对完善的备份方案。⑤数据备份记录也要做好，以便恢复时使用。记录里面应包含备份时间点、备份保存、备份方法、备份工具、操作人员、备份完成时间、备份检测、备份开始时间。⑥删除不必要的软件。在服务器上安装 Flash、Silverlight、Java.等软件只会给黑客增加攻击的机会，可以从服务器中删除这些没用的软件应用。⑦停止不必要的服务。在 Windows 系统中，如无特殊需要，可以停止像传真服务、万维网发布服务、Messenger、ⅡSAdmin、SMTP、任务调度器、Telnet、远程桌面服务等，可以视自己的需要而定。⑧控制文件的访问。可以使用 NTFS 安全限制文件和文件夹访问特定的组或个人用户。集体操作方法，首先查看文件或文件夹的属性，单击"安全选项卡"，然后在"高级"里改变权限。⑨使用审计功能。系统内的审计功能可以看到曾尝试读取、写入或删除机密文件或文件夹的用户。具体操作方法为，首先查看文件或文件夹的属性，单击"安全选项卡"，然后在"高级"设置里选择"审核"选项卡即可实现。⑩开启强密码保护。要尽量以最小的权限来执行管理任务。同样，具有管理员权限的其他所有账户，即使使用密码策略也还需要强制执行强密码保护。⑪防火墙的应用。由于大多数服务器都是需要连接到整个互联网的，所以使用防火墙限制外部访问局域网。

6-29　电力企业如何严格开展数据安全检查通报工作？

电力企业各单位保密管理部门、业务部门及信息安全归口管理部门应建立数据安全检查机制，常态化开展检查、抽查和事件调查，及时发现问题并督促相关部门整改，确保各项管理措施落地。检查内容着重公司重要数据在采集、传输、存储、处理、废弃过程中的合规性，相关管控机制是否落实到位，相关技术措施是否应用得当，相关访问权限是否合理规范，相关责任主体是否履行义务等。强化漏洞隐患发现能力，严防安全漏洞导致的网络泄密事件发生。对重要数据泄露等数据安全违规事件，公司将根据相关规定进行严肃处理，根据情节严重程度进行通报，并纳入同业对标和企业负责人绩效考核。

6-30　国家电网有限公司如何落实数据安全全过程管控？

电力企业各级业务部门负责重要数据相关业务系统开通、数据采集、使用和发布环节的安全审核。

在开通环节，配合完成业务系统安全测评和备案手续，严格用户实名制注册管理，落实信息发布、编辑、使用人员的准入审核。

在采集环节，对外网业务系统落实重要数据采集程序的审批机制，公开用户个人信息采集规则，明示收集和使用信息的目的与范围，并经用户同意。

在使用环节，落实数据使用方的安全主体责任，明确数据使用权限和范围，依法依规处理和存储重要数据，并做好账号权限管理，杜绝共享账号和默认账号，防范数据违规使用。

在发布环节，严格对外发布和传播数据安全审查，落实信息内容合规性审核，发现违法违规信息应立即停止传输和发布，采取消除等处置措施，防止信息扩散，并保存有关记录。

第七章 终端安全（pc、移动）

第一节 移动终端安全

7-1 移动终端安全的现状如何？

移动安全的现状：①智能手机系统已被国外产品垄断。因为 Android 系统采取免费、开源的市场策略，导致众多山寨手机和平板电脑大量使用 Android系统，而这些充斥在市场上的山寨机逐渐变成黑客、恶意程序眼中的"肉鸡"。②智能手机信息防范能力弱。由于系统开源，API 接口被广泛使用，通过一定的技术手段有意窃听通话记录或窃取用户信息，完全没有技术障碍。③应用软件缺乏安全审查机制。国内的应用市场基本都是模仿苹果的应用商城，对外承诺有严格的审核机制，但事实上这些审核基本是空架子。

7-2 常见的移动终端安全漏洞有哪些？

移动应用安全漏洞有以下三个：①系统软件安全。跟计算机系统漏洞一样，手机系统软件，移动应用经常被爆出系统漏洞问题，由于系统软件漏洞导致的安全问题比比皆是。②应用程序安全。在智能手机中下载的应用程序软件出现漏洞，也就是人们常说的 Bug。③下载不安全应用。在手机感染病毒的分布上，81.8% 的用户表示安装来历不明的软件是最主要的途径。

7-3 移动终端程序安全解决方法有哪些？

解决方法：①等待软件提供商将 Bug 修复，提供更新的软件。在 App 软件商店更新软件时，经常会看到更新提示"修正了部分 Bug"等字样，意即修复软件可能造成的漏洞。②实在无法更新，确认软件有问题时，可以直接删除软件。但是，有时会出现软件删除，某些相关信息也被删除的可能。

7-4　移动手机下载不安全应用解决的方法有哪些?

解决方法：①不要下载来历不明的软件，尤其是短信、彩信的不明链接，不要点击下载安装使用。②安装正规品牌的安全卫士、手机管家等安全软件，改善系统设置，避免下载安装不安全的程序。③使用第三方平台给 Android App 加密，作为移动安全行业的第三方专业平台，爱加密为移动应用提供专业的加固保护方案，如 DEX 文件保护、资源文件保护、XML 主配文件保护、防二次打包保护、so 文件保护、内存保护、高级混淆等，同时推出 6 种加密方式，可以给广大移动应用开发者提供安全、便捷的加密服务。

7-5　手机病毒防护措施有哪些?

智能手机平台都是建立在操作系统的基础上的，病毒在具备操作系统的手持设备中传播的概率极高，感染病毒的手持设备中有 90% 是带操作系统的智能手机。因此，手机病毒防护已经成为移动互联网急需解决的热点问题，为了确保移动互联网的安全运行及业务的正常开展，可以建立控制、预警、检测及实时响应等一系列的安全防护流程以阻止手机病毒的传播，及时地发现病毒并有效地对其进行隔离并处理掉。可以借助第三方平台对移动应用进行漏洞检测，及时发现存在的漏洞，并对移动应用做加密保护。Safe.ijiami 是爱加密推出的漏洞分析平台，可以对移动应用存在的漏洞进行全面的检测，并可一键生成分析报告。

7-6　如何保护移动支付的安全性呢?

保护移动支付的安全性需要做到以下几点：①加强手机设备的安全性；②使用官方应用商店的应用程序；③在可信任的网络链接下支付；④运用双重身份验证；⑤开启账户更改提醒；⑥尽量选用信用卡而非借记卡。

7-7　什么是移动通信安全?

在移动支付的过程中，窃听是最简单的获取非加密网络信息的形式，尤其是对于无线网络而言，由于无线网络本身的开放性，以及短消息等数据一般都是明文传输等原因，恶意分子通过无线空中接口进行窃听便成为可能。通过窃听有可能了解支付流程，获取用户的隐私信息，甚至破解支付协议中的秘密信息。

7-8 电力行业移动终端安全面临哪些风险？

电力行业移动应用 App 以移动终端设备为运行载体，通过互联网（4G、3G）、电力专网（VPN、APN）、Wi-Fi 等网络接入形式访问业务服务器，实现业务数据的上报下载。该模式主要面临以下 4 类安全风险。

（1）移动终端设备安全风险。移动终端设备日趋小型化在带来便捷的同时，设备丢失的风险系数也同步增加。同时，由于终端设备操作系统存在漏洞、用户对终端设备进行 Root 或非法越狱，都增加了黑客利用漏洞进行病毒和木马植入、远程操控终端设备、窃取用户数据的风险。

（2）移动 App 的安全风险。大部分移动 App 在应用级数据保护机制上控制较弱，个人与企业应用没有有效的隔离措施，未实现"安全沙箱"，导致业务数据易被窃取。不法分子可以通过对 App 进行反编译，分析代码漏洞，采用动态注入模式进行木马挂载，修改控制权限并达到窃取用户数据的目的。

（3）网络层安全接入风险。目前，电力行业企业普遍根据安全等级进行网络区域划分，实现了业务内网与业务外网的访问隔离（防火墙、网闸等）。但电力行业移动应用除了满足企业内部用户需求外，还涉及合作伙伴（供应商、承包商、设计单位等）及公众用户。网络区域划分过于复杂造成了访问困难，大部分移动应用趋向于通过使用网络策略控制访问请求，导致存在网络安全风险。部分移动应用未采用安全网络传输通道，未对数据进行加密传输，导致数据易被窃取。

（4）服务端安全风险。企业服务器一直是黑客入侵的首选对象，常用的攻击手段包括截取网络通信信息、主机漏洞扫描、业务系统漏洞扫描等，通过漏洞进行暴力攻击来破坏企业服务器的安全体系，实现系统入侵并进行数据窃取等非法操作。

7-9 Android 系统的安全机制有哪些？

Android 将安全设计贯串系统架构的各个层面，覆盖系统内核、虚拟机、应用程序框架层及应用层各个环节，力求在开放的同时，也恰当保护用户的数据、应用程序和设备的安全。Android 安全模型主要提供以下几种安全机制。

进程沙箱隔离机制，使得 Android 应用程序在安装时被赋予独特的用户标识（UID），并永久保持。应用程序及其运行的 Dalvik 虚拟机运行在独立的 Linux 进程空间，与其他应用程序完全隔离。

在特殊的情况下，进程空间还可以存在相互信任关系。例如，源自同一开发者或同一开发机构的应用程序，通过 Android 提供的共享 UID（Shared UserId）机制，使得具备信任关系的应用程序可以运行在同一进程空间。

应用程序签名机制，规定 APK 文件必须被开发者进行数字签名，以便标识应用程序作者和在应用程序之间的信任关系。在安装应用程序 APK 时，系统安装程序首先检查 APK 是否被签名，有签名才能安装。当应用程序升级时，需要检查新版应用的数字签名与已安装的应用程序的签名是否相同，否则，会被当作一个新的应用程序。Android 开发者有可能把安装包命名为相同的名字，通过不同的签名可以把它们区分开来，也保证签名不同的安装包不被替换，同时防止恶意软件替换安装的应用。

权限声明机制，要想获得在对象上进行操作，就需要把权限和此对象的操作进行绑定。不同级别要求应用程序行使权限的认证方式也不一样，Normal 级申请就可以使用，Dangerous 级需要安装时由用户确认，Signature 和 Signatureorsystem 级则必须是系统用户才可用。

访问控制机制，确保系统文件和用户数据不受非法访问。

通信机制，基于共享内存的 Binder 实现，提供轻量级的远程进程调用（RPC）。通过接口描述语言（AIDL）定义接口与交换数据的类型，确保进程间通信的数据不会溢出越界。

7-10　如何应对 Android 开发的常见安全问题？

现实中，出现的问题可能比上面提及的还要多。总的来说，应该从以下几个方面来应对 Android 开发的常见安全问题：①应用权限控制。通过控制应用程序的权限防止恶意应用对系统造成破坏，采取的措施包括合理使用系统内置权限和应用程序自定义权限。②应用程序签名。采用数字签名为应用程序签名。③应用加固。应用加固包括病毒扫描、防注入、防调试、防篡改四个模块，目前，行业内已经出现了很多的应用加固解决方案，如 360 应用加固、腾讯云应用加固、百度应用加固等。④静态代码分析。通过静态代码分析工具 lint 监测安全隐患，对代码进行优化。⑤防火墙。必要时为 Android 设备安装防火墙，以防止远程网络攻击。⑥数据存储加密。采用加密的方式保护应用程序敏感数据，如利用 SQLCipher 加密 SQLite 数据库。⑦应用程序组件开发的安全要点。Activity、Service、Content Provider、Broadcast Receiver 等组件在代码层面应采取的安全措施。它们每一个都可以通过隐式的 Intent 方式打开，所以这些组件只要不是对外公开的必须在 AndroidManifest 里面注明 exported 为 false，禁止其他程序访问我们的组件。对于要和外部交互的组件，应当添加访问权限的控制，还需要对传递的数据进行安全的校验。

第二节　PC 终端安全（PC 本身问题）

7-11　什么是网络终端机？

随着网络技术的成熟和互联的飞速发展，信息资源共享越来越普及化了。网络计算机模式也占据了越来越重要的地位。伴随 PC 机性能的高速攀升和网络规模的日趋庞大，以 PC 作为客户端的组网方式已显露出越来越多的弊端。它需要不断地升级服务器和客户端的操作系统及应用程序软件，硬件也要随着不断地升级，造成很大的成本浪费。网络本身的复杂性和脆弱性常常让网络维护人员身心疲惫。网络终端是一种省钱又易管理的客户端，是当前大多数企业客户所迫切的渴望的一种产品。它的出现，使企业网络管理的工作轻松而愉快，工作效率得到提高，企业业绩不断上升。

7-12　企业要怎么样才能做好网络终端的安全工作？

首先要理解移动隐私问题，员工在操作公司电脑时基本上是不存在个人隐私的，因为公司电脑都拿来办公，并没有进行一些个人网上活动。因此，监控安全解决方案受到的用户阻力几乎等于零。但当员工自带设备办公时，监视网页搜索和电子邮件内容就成了重大隐私侵犯。企业必须发展出移动安全策略，既保证员工的隐私能够得到保障，又能满足 IT 设置的安全要求。

7-13　目前终端安全面临的安全问题有哪些?

终端安全面临的安全问题主要包括终端补丁的有效管理、设备接入管理问题、终端非法外联行为、移动存储管理问题、内网多厂家杀毒软件的统一管理、终端异常流量的发现和控制问题、终端安全策略统一监控和管理问题、终端资产管理问题、主动运维资源的管理问题。有权威机构的调查表明90%以上的管理和安全问题来自终端。为了从根本上解决终端安全管理问题,需要向用户提供一整套事前预防、事中管理、事后报警的终端安全管理体系。

7-14　什么样的文件加密软件适合企业使用?

第一个方面是软件的稳定性,稳定性是选择文件加密软件时最重要的标准,没有稳定性其他都是空谈。加密软件与管理软件不同,它要涉及 Windows 底层驱动,既能实现加密,又能保证系统稳定在开发上是件挺难的工作。加密软件不稳定会导致一些问题的出现,比如破坏文件、与系统冲突导致频繁蓝屏死机。

第二个方面是软件的兼容性,产品的稳定性和兼容性本身是不可分开的,如在系统下的稳定性,其实就是与操作系统的兼容性,又如保证 Word、CAD、PRO/E、PhotoShop 等常用软件稳定运行,一款稳定性非常好的加密软件,如果不能与其他系统做良好的整合,最终也许会被卡壳。

7-15　什么是邮件欺骗?

邮件"欺骗"是在电子邮件中改变名字,使之看起来是从某地或某人发来的行为。

例如,攻击者佯称自己为系统管理员(邮件地址和系统管理员完全相同),给用户发送邮件要求用户修改口令(口令可能为指定字符串)或在貌似正常的附件中加载病毒或其他木马程序,这类欺骗只要用户提高警惕,一般危害性不是太大。

7-16　什么是电子邮件炸弹(E - MailBomb)?

电子邮件炸弹是一种让人厌烦的攻击,也是黑客常用的攻击手段。传统的邮件炸弹大多只是简单地向邮箱内扔去大量的垃圾邮件，从而充满邮箱，大量地占用了系统的可用空间和资源，使机器暂时无法正常工作。

7-17　目前电力行业的终端安全加固措施有哪些？

尽管多数电力企业对终端计算机的安全加固已经采取了部分安全措施，如安装了防病毒软件和个人防火墙软件，甚至部署了漏洞扫描系统定期对终端计算机进行漏洞扫描，督促用户及时更新操作系统补丁。但是，这些努力措施却没有起到应有的效果。首先，企业管理者不能保证所有的终端用户都安装了防病毒软件和防火墙软件；其次，即便安装了这些防护软件，用户也常常因为各种原因无法及时更新病毒库，也不知道如何正确配置防火墙策略；最后，系统漏洞扫描虽然可以获得终端计算机的补丁缺失情况，但是却缺乏有效的补丁安装手段。所有这些因素，均导致终端计算机的安全无法保障。

7-18　目前电力行业的终端计算机接入如何控制？

电力行业企业一般来说都属于大中型企业，内网计算机数量众多。IT 管理人员很难统计内网计算机的确切数量，也无法区分哪些是内网授权使用的计算机，哪些是外来的非授权使用的计算机。在这种状况下，很难控制外来人员随意地接入计算机。很容易导致企业内网机密信息的泄露，往往等泄密事件发生了，却还无法判断到底是哪一个环节出了差错。

另外，对于内网授权使用的计算机，任何一台感染了病毒和木马，IT 管理人员也无法及时定位和自动阻断该计算机的破坏行为。往往需要花费很长的时间才能判断和定位该计算机，然后再通过手动的方式断网。对安全强度差的终端计算机缺乏有效的安全状态检测和内网接入控制，是 IT 管理人员比较头疼的问题之一。

7-19　目前电力行业的终端计算机配置有哪些？

对于电力行业庞大的企业网络和众多的终端计算机，依靠传统的资产登记管理办法，根本无法做到对计算机配置信息的准确掌握，对计算机配置的变化也无法及时跟踪。例如，要准确掌握每台计算机的软硬件配置信息，通过手工方式将是非常耗时和烦琐的工作。要想实时并准确地掌握内网终端计算机的配置状况与配置变更状况，必须通过技术手段和工具来辅助实现，才能有效节省成本和资源，提高内网管理的效率。

7-20　目前电力行业的终端远程维护有哪些？

对于网络规模普遍较大的电力企业来说，终端计算机的数量众多，IT 管理人员无法实时掌握每台终端计算机的运行状态。当终端计算机出现故障需要维护时，IT 管理人员如果采用现场维护的方式，一方面增加了人力成本，另一方面由于人力资源有限，也无法保证维护的及时性。如何实时监视终端计算机的运行状况，并且方便地对终端计算机进行远程维护，是 IT 管理人员迫切需要解决的问题。

7-21　目前电力行业的移动终端入网标准是什么？

新接入的终端需要安装杀毒软件、准入客户端和桌面管控系统，并且在准许入网时提供相应的 IP 地址和 MAC 地址及相关使用人员的信息。

7-22　无线鼠标存在的安全问题有哪些？

桌面无线设备通常由无线鼠标、无线键盘及 USB 收发器组成，在过去的几年中，桌面无线设备已经越来越受到人们的喜爱。与有线设备相比，这类无线设备更容易引起不怀好意的人们的兴趣，目前大量无线鼠标和键盘是以无线电信号而非蓝牙方式与 USB 接口通信的。用户在鼠标和键盘上的操作会形成"数据包"，无线传输至 USB 接口，再由电脑做出相应的"反应"。这是因为攻击者可以通过无线信号，从安全的距离远程攻击这类设备。

7-23　如何防范勒索病毒？

用户应设置系统策略限制密码错误次数，当密码输入错误达到一定次数后进行阻止，并设置复杂的口令不使用弱口令，定期修改账户口令，关闭终端上不必要的高危端口，在终端上安装防病毒软件。

第八章　泛在电力物联网安全

8-1　什么是泛在电力物联网？

泛在电力物联网就是围绕电力系统各环节，充分应用移动互联，人工智能等现代信息技术，先进通信技术，实现电力系统各环节万物互联，人机交互，具有状态全面感知、信息高效处理、应用便捷灵活特征的智慧服务系统。

8-2　国家电网公司提出的"三型两网"指什么？

"三型两网"指建设枢纽型、平台型、共享型企业，在坚强智能电网基础上建设泛在电力物联网，共同构成能源流、业务流、数据流"三流合一"的能源互联网。

8-3　泛在电力物联网包含几层结构？

泛在电力物联网共包含四层结构分别为感知层、网络层、平台层和应用层。

8-4　泛在电力物联网创新体现在哪些方面？

在用户侧，"能源物联网"的打造只是一个基础，关键还是要通过运营创新，不断增加平台用户数与用能数据，积累流量资源，持续吸引生态合作伙伴加入平台，创造综合能源服务新模式，让用户、厂商、政府、社会主体都受益，从而真正塑造新的生态体系。

在服务政府方面，可以利用平台精准掌握企业的用能信息，确保政府新能源发展、需求侧管理、节能、环保以及安全等方面的产业政策落地。

在服务用能企业方面，可以基于数据在线监测、分析挖掘技术，及时、准确、全面地发现企业在用能过程中存在的设备资产管理、能源负荷优化、价格套餐选择问题与改进空间，从而帮助持续提升企业用能的安全、经济、质量、环保水平。

在服务能源厂商方面，可以针对企业需要解决的问题与待满足的需求，整合各类设备、硬件、软件与服务供应商资源，形成健全的综合能源服务厂商联盟，让用户得到高性价比的综合能源服务。

在服务社会公众方面，致力于打通水、电、气、热相关行业间壁垒，实现数据全面采集与有效集成，并成为一套社会共享资产，面向社会公众提供开放、平等的能源数据信息服务和 API 接口。同时，通过泛在电力物联网业务创新，还可以为社会创造更多的工作岗位，促进就业。

在服务电网主业方面，通过接入用户侧能源使用信息，及时感知用户侧的故障风险，实现主业侧的防线前移，提升客户满意度和系统安全运行水平；通过打通电力上下游环节信息关联，提升电力系统整体经济性，促进综合供电成本的下降。

8-5　泛在电力物联网的价值体现在哪些方面？

建设泛在电力物联网在支撑输配电管制性业务、综合能源服务等竞争性业务及建设互惠共赢、开放共享的能源互联网生态圈方面具有重要的作用与价值。一是支撑输配电业务，保障能源安全并推动节能减排，以系统"源—网—荷—储"各环节的泛在互联和协调运行，保障大规模、随机波动的集中式、分布式清洁能源顺利消纳。二是支撑综合能源服务等市场竞争性业务，以"云大物移智"、区块链、边缘计算等技术应用，支撑更便捷、智能、高效供电服务和综合能源服务的开展，创新电网数据共享服务等新型服务模式，开辟新的赢利渠道。三是打造能源互联网生态圈，发展共享经济与平台经济，通过信息、技术和价值共享，建设互惠共赢能源互联网生态圈，带动通信、互联网等周边产业协同发展。

8-6　泛在电力物联网如何灵活融入大型工业设备？

泛在电力物联网需要对其生态链中的大型工业设备实施物联网实时监测，在设备运行数据和故障数据相对不足的情况下，可采取简化的物理模型数字仿真进行实时计算，当数据量逐渐积累的情况下，可采用简化的物理模型数字仿真和基于 AI 的数据分析相结合。

8-7　泛在电力物联网如何与智慧能源、5G 及边缘计算融合发展？

泛在电力物联网的基础支撑是分布式能源和数据融合中心，融合边缘计算＋IT 虚拟化＋能源虚拟化的分布式能源数据中心能够助力泛在物联网的发展。智能物联网的核心是前端的本地化处理，而人工智能芯片能为物联网提供高速、低功耗的计算力，构建针对特定应用的模块，并提供整体解决方案。

8-8　人工智能和视觉感知技术如何助力泛在电力物联网？

视觉感知技术能为机器人点睛，为所有设备提供视觉能力，同时可以进行边缘计算，在设备前端完成视觉识别，判断，深度学习等能力。提升感知智能的视觉能力，能推动人工智能形成产业化分工发展，为泛在电力物联网提供助力。

8-9　在建设泛在电力物联网时对数据的分析与处理有什么难点？

目前的数据分析技术对数据的统一性要求较高，而电力大数据来源各异、数据长短不同、包含时间尺度不同，使得传统数据分析技术不能直接应用于泛在电力物联网。另外由于电力系统建设的阶段性、运行的实时性，导致电力物联网平台上将会积累大量控制、监测、计量等历史和实时数据，它们构成了泛在电力物联网平台层的多源异构数据源。此外，以电能替代为代表的用电侧设备一般市场准入门槛较低，不同类型、不同厂家、不同批次设备的数据格式、控制逻辑、接口规则等差别迥异。因此，如何对海量多源异构数据进行统一分析、深层挖掘是一大难点。

8-10　有哪些利用了泛在电力物联网的实例？

多伦多与北美大多数城市一样，供电成本高昂，2005—2019 年，政府的财政赤字迫使其缩减预算和成本。

商业倡议协会在布洛尔街西安装了具有 LED 照明、Wi-Fi 热点功能及其他物联网设备的太阳能智慧城市电线杆。这些电线杆是 100% 采用太阳能供电，它们不需要连接到电网，估计可以节省 140 万加元的电缆铺设和电网连接成本。通过智能电线杆上的传感器可以收集其测量到的交通状况、空气质量、噪声和建筑占用率等数据。

通过收集这些数据，这些智能应用会随着时间的推移变得越发智能。例如，当下一次极地涡旋来袭时，天气传感器会指挥人行道进行加热使雪融化，通过太阳能发电和能源监控系统等手段，能将周边地区的二氧化碳排放量减少75%~80%。

8-11 在建设泛在电力物联网时为何要特别重视信息安全？

泛在电力物联网的核心是海量数据在电力系统的应用，海量数据的采集必须通过通信传输至统一平台，进而在统一物联平台上对数据进行处理分析，因此保障网络安全是至关重要的。一方面要保障数据能够可靠、快速的从远端传输至平台，另一方面还要防止数据泄露、抵御网络攻击，因此如何研发新型的信息安全防护技术及系统，是实现泛在电力物联网信息互联、数据统一处理是极其重要的一环。

8-12 泛在电力物联网的核心防护能力应围绕什么构建？

面向泛在电力物联网建设和发展需要，优化网络安全分区和数据部署策略，构建互联网大区，筑牢网络安全"三道防线"，构建"可信互联、精准防护、安全互助、智能防御"的核心防护能力，优化信息运检体系，保障电网业务和新型业务创新发展。

8-13 泛在电力物联网的安全体系建设要分为哪几层？

第一层是针对物理存在的设备，如终端、系统、设备等，都可以算作物理层的范围，在这个层面应当包括端点保护、通信与连接保护、安全监测与分析、安全配置与管理等安全防护功能。

第二层是数据防护，从数据所处的位置看，包括端点数据、通信数据、配置数据、监测数据；从数据生存状态看，包括静态数据、动态数据、移动数据。这些数据都需要防止未经授权的访问和不可控的变化。

第三层是安全模型与安全策略，包括覆盖组织层面和设备层面的安全管理，是一种基于逻辑的，用于描述系统的安全目标的安全模型，是系统安全策略的形式化表示。

8-14　泛在电力物联网安全管控的核心是什么?

数据是泛在电力物联网最基础的元素，数据安全管理问题是物联网大数据应用面临的最突出风险，也是泛在电力物联网安全管控的核心。

能源在其整个发、输、变、调、配、用周期中，每个环节、每个瞬间都在产生海量数据。例如在泛在电力物联网运行过程中通过各类传感器实时或定期获取设备状态信息，仅涵盖主网设备数据的数量级可达 TB 级。配网设备数据量更大，种类繁多，随着配网设备逐步集成到设备生产管理系统中，数据规模将达PB 级。目前，在营销客服领域仅用电信息采集一项，每年新增数据约 90TB，客户服务数据全年预增 7TB。

这些数据可极大促进泛在电力物联网智能感知、内部管控能力及用户服务效率提升，但如果数据提供者对数据的采集、传输、存储、处理、使用过程中无法实施有效控制，那么极有可能造成海量敏感数据的泄露。

如有些收集数据的本地终端留存有数据，缺乏对留存数据的安全保护机制；本地智能终端与后台服务器之间缺乏数据传输安全机制，采集系统缺乏身份验证、权限管理、加密、完整性校验等安全机制等，都可能会造成数据破坏或泄露。一旦大数据被篡改、泄露，将会对能源电力生产、经营管理、用户服务造成极大影响。因此，在规划阶段，就需将数据管理作为重要模块来落实，杜绝数据安全隐患，在大部分场合将数据安全置于最高优先级。

8-15　泛在电力物联网的建设在网络安全问题上需要注意些什么?

泛在电力物联网可以实现传感器、人、电力设备、调度系统和管理服务终端等设备的广泛互联，使电力系统各环节互联，但是这种泛在互联也打破了行业传统格局，会使一部分关键的电力设备的信息暴露在网络上，增加其被攻击的风险。

8-16　泛在电力物联网面临的主要安全威胁有哪些?

泛在电力物联网面临的安全威胁有很多，威胁系数较高的主要分为八类，分别为：僵尸网络、拒绝服务攻击、中间人攻击、身份和数据盗窃攻击、社会工程学攻击、ATP 攻击、勒索攻击、远程录制攻击。

8-17 "两网"智慧交互的安全管控关键是什么？

当前的智能电网具有典型的"内网"特征，通过限制信息流通为电力行业提供安全保证。而泛在电力物联网的建设愿景是通过共享数据从而具备梅特卡夫定律（一个网络的价值等于该网络内节点数的平方，而且该网络价值与联网用户数的平方成正比），进一步形成更加开放合作的发展业态，但同时泛在电力物联网也更易受到信息攻击。因此，如何兼顾"两网"特性并发挥各自优势是泛在电力物联网建设首要考虑的重大原则性问题，也是实现安全管控最关键的一环。

8-18 全场景安全防护体系构建的重点是什么？

全场景网络安全防护体系建设的重点是围绕体系结构、监测感知、密码支撑、数据安全、边界安全等方向，针对互联网业务需求，完善安全隔离和接入技术，完成泛在电力物联网全场景安全防护体系设计，优化网络安全边界和分区，深化态势感知平台的功能，建设安全的信息外网，开展数据分类、分级和数据保护，优化电力物联网专用安全设备并试点应用，完成综合能源服务、三站合一、源网荷储等新业务网络安全典型设计和试点验证，完成泛在电力物联网信息系统调运检体系优化，开展设备管理和系统设备、运维工具智能化完善提升工作。

8-19 构建一个安全的泛在电力物联网的意义是什么？

安全的泛在电力物联网可以提供安全的业务保障和高服务效率，大大增强业务应用的竞争力，获得业务优势，进而带来潜在的经济效益。安全的体系亦可以减少终端和业务故障发生的频次，避免资产的浪费和流失。通过完善泛在电力物联网的安全防御机制，使安全设备自动化、智能化，减少人力的投入，削减设备维护、安全监测的费用。

8-20 如何为泛在电力物联网的不同层面提供防护？

就泛在电力物联网而言，感知层应采用高效的端对端双向身份认证和秘钥协商机制，通过轻量级加密算法和签名算法确保消息的正确性、完整性、可用性、和不可抵赖性；网络层和平台层可以通过数据加密、身份认证、完整性校验等方法实现数据的安全传输；应用层需要通过完善访问控制和入侵检测机制来提供安全防护。

8-21 泛在电力物联网安全防护的最后一道防线是什么？

动态防御体系是泛在电力物联网安全防护的最后一道防线，它既包括前端的风险感知、信息分发、威胁分析，也包括后端的响应联动。通过对设备典型状态进行刻画、与权威漏洞库及病毒库进行交互联动等技术手段，实现对泛在电力物联网整体安全状况的实时感知与关联分析，及时发现恶意攻击行为并进行快速处置。

8-22 常见的泛终端有哪些？

常见的泛终端包括 IP 电话、考勤机、视频会议终端、扫描仪、刷卡机、机房监控终端、视频监控终端、计量周转柜、自助缴费终端、缴费 POS 终端、充电桩、变电状态监控终端、用电信息采集终端、配电自动化终端、电压采集终端、输电状态检测终端、生产移动作业终端、GPS 定位终端、现场安全监督管控终端等。

8-23 泛终端安全建设前景是什么？

将终端安全管控由传统 PC 终端进一步延伸至泛终端，将传统 PC 终端的安全管控措施，特别是接入安全检查和安全准入，也应用到泛终端，准确了解各类泛终端的资产情况及其所面对的安全威胁，解决泛终端安全接入检查和安全准入控制的问题，从而将传统 PC 终端、泛终端纳入一体化终端安全防护范畴，形成终端层面的全面安全防护体系。

8-24 泛终端的安全现状如何？

现阶段通过泛终端进行恶意攻击的事件频发，利用泛终端的指纹仿冒、行为替代等攻击手段获取企业和公司核心重要信息的事件层出不穷。在现阶段，充电桩、周转柜、自助缴费机等泛终端数量大大超过传统 PC 终端的数量，所以泛终端安全尤为重要。限制指纹信息、IP 和 MAC 绑定，以及常用端口限制等防护措施可以有效防御黑客利用泛终端进行的攻击。

8-25　泛终端指纹仿冒的方法有哪些?

指纹仿冒的方法有很多,常用的方法有:

(1)IP 地址不变,MAC 地址也没变,终端行为改变。

(2)IP 地址不变,MAC 地址也没变,终端类型改变。

(3)终端 IP 地址不变,终端 MAC 地址变化。

8-26　泛终端安全面临的主要挑战有哪些?

现阶段泛终端安全防护面临的主要挑战有:

(1)无用户身份和 UI 交互参与资产登记确认。

(2)无代理进行多维数据采集。

(3)端点资产身份特征唯一性。

(4)端点资产身份的获取稳定性。

(5)无代理进行安全检查。

(6)无代理进行状态监控。

(7)无代理进行行为管控。

(8)无代理进行配置与行为审计。

8-27　如何在网络中识别泛终端?

在网络中通过感知与探查运用主动发现和被动发现两种方式进行泛终端行为识别,通过通用和专用扫描引擎,基于多维信息库、应用特征库、主机指纹库,进行流量分析,完成对泛终端种类的识别。

8-28　如何控制泛终端的传输安全?

控制泛终端的传输安全性,首先要做到的就是身份明确化。精确的设备可见性是安全实践的基石。对所有在线设备进行扫描和深入识别,获取终端及泛终端的网络地址、系统网络指纹、系统开发端口和服务指纹,并根据积累和运营的指纹库裁定每个泛终端的类型、操作系统、厂商信息。根据所获取的设备指纹信息,采用智能识别和唯一性算法为每个终端建立指纹身份信息,作为泛终端生命周期管理的唯一性依据。通过对传输的协议及端口进行规则的限定、策略的制定，保证泛终端传输数据的安全性。

8-29 泛终端怎样进行网络管控？

对泛终端进行网络管控主要分为内联管控和外联管控。内联管控是针对流量访问授权、流量识别与管控，做到对泛终端的识别、授权与限制。外联管控主要是对泛终端的外联能力探测、外联行为检测与管控，做到对泛终端是否能外联及外联能做的行为做出限制。通过内外检测和限制来达到对泛终端的网络管控。

8-30 泛终端安全事件的处理流程是什么？

首先通过流量及行为识别发现泛终端的类别，根据不同的泛终设备类型进行分类管控，通过管理行为也就是对泛终端进行行为审计，实施违规处理等操作，对处理过的事件进行记录和告警，形成解决问题闭环。总的来说泛终端安全事件的处理流程：①发现识别；②分类管控；③评估监控；④违规处置；⑤记录告警。

第九章　电力行业相关管理标准

9-1　国家能源局在电力行业信息安全等级保护管理工作方面的职责是什么?

国家能源局根据国家信息安全等级保护管理规范和技术标准要求,督促、检查、指导电力行业信息系统运营、使用单位的信息安全等级保护工作,结合行业实际,组织制定适用于电力行业的信息安全等级保护管理规范和技术标准,组织制定电力行业网络与信息安全的发展战略和总体规划。

9-2　国家能源局及其派出机构对电力企业进行监督检查和事件调查时,可以采取哪些措施?

国家能源局及其派出机构进行监督检查和事件调查时,可以采取下列措施:

(1)进入电力企业进行检查;

(2)询问相关单位的工作人员,要求其对有关检查事项做出说明;

(3)查阅、复制与检查事项有关的文件、资料,对可能被转移、隐匿、损毁的文件、资料予以封存;

(4)对检查中发现的问题,责令其当场改正或者限期改正。

9-3　国家能源局及其派出机构对第三级及以上电力信息系统的运营、使用单位的信息安全等级保护工作情况进行检查。根据《信息安全等级保护管理办法》,每年至少组织一次对第三级及以上电力信息系统的检查,其检查事项主要包括哪些?

检查事项主要包括:

(1)信息系统安全需求是否发生变化,原定保护等级是否准确;

(2)运营、使用单位安全管理制度、措施的落实情况;

（3）运营、使用单位及其主管部门对信息系统安全状况的检查情况；

（4）系统安全等级测评是否符合要求；

（5）信息安全产品使用是否符合要求；

（6）信息系统安全整改情况；

（7）备案材料与运营、使用单位信息系统的符合情况；

（8）其他应当进行监督检查的事项。

9-4　电力信息系统的运营、使用单位应当接受国家能源局及其指定的专门机构的安全监督、检查、指导，如实向国家能源局及其指定的专门机构提供哪些信息资料及数据文件？

应当提供以下信息资料及数据文件：

（1）信息系统备案事项变更情况；

（2）安全组织、人员、岗位职责的变动情况；

（3）信息安全管理制度、措施变更情况；

（4）信息系统运行状况记录；

（5）运营、使用单位及上级部门定期对信息系统安全状况的检查记录；

（6）对信息系统开展等级测评的技术测评报告；

（7）信息安全产品使用的变更情况；

（8）信息安全事件应急预案，信息安全事件应急处置结果报告；

（9）信息系统数据容灾备份情况；

（10）信息系统安全建设、整改结果报告。

分等级实行安全保护，对等级保护工作的实施进行监督管理。

9-5　电力行业等级保护原则和定级依据分别是什么？

电力行业信息安全等级保护坚持自主定级、自主保护的原则。电力信息系统的安全保护等级应当依据信息系统在国家安全、经济建设、社会生活中的重要程度，信息系统遭到破坏后对国家安全、社会秩序、公共利益及公民、法人和其他组织的合法权益的危害程度等因素确定。

9-6 电力行业网络与信息安全工作的目标和原则是什么？

电力行业网络与信息安全工作的目标是建立健全网络与信息安全保障体系和工作责任体系，提高网络与信息安全防护能力，保障网络与信息安全，促进信息化工作健康发展。电力行业网络与信息安全工作坚持"积极防御、综合防范"的方针，遵循"统一领导、分级负责，统筹规划、突出重点"的原则。

9-7 电力行业中电力信息系统、管理信息类系统、生产控制类系统分别指的是什么？

电力信息系统指的是与电力企业的生产、运营、管理、控制相关的信息系统，它可以分为管理信息类系统和生产控制类系统。

管理信息类系统指的是支持电力企业的经营、管理和运营的信息系统。

生产控制类系统指的是用于监视和控制电网及电厂生产运行过程的、基于计算机及网络技术的业务处理系统及智能设备。

9-8 二级及以上电力信息系统办理备案手续的时间要求是如何规定的？

已经运营（运行）的第二级及以上电力信息系统，应当在安全保护等级确定后 30 日内，由其运营、使用单位到所在地设区的市级以上公安机关办理备案手续。新建第二级以上电力信息系统，应当在投入运行后 30 日内，由其运营、使用单位到所在地设区的市级以上公安机关办理备案手续。

9-9 对二级及以上电力信息系统进行等级保护测评，选择的等级保护测评机构应具备什么条件？

应具备以下条件：

（1）在中华人民共和国境内注册（港澳台地区除外）；

（2）由中国公民投资、中国法人投资或者国家投资的企事业单位（港澳台地区除外）；

（3）从事电力信息系统相关检测评估工作两年以上，无违法记录；

（4）工作人员仅限于中国公民；

（5）法人及主要业务、技术人员无犯罪记录；

（6）使用的技术装备、设施应当符合国家对信息安全产品的要求；

（7）具有完备的保密管理、项目管理、质量管理、人员管理和培训教育等安全管理制度；

（8）对国家安全、社会秩序、公共利益不构成威胁；

（9）从事电力信息系统测评的技术人员应当通过国家能源局组织的电力系统专业技术培训和考核，开展电力信息系统测评的机构应向国家能源局备案且通过电力测评机构技术能力评估。

9-10　电力信息系统运营、使用单位采用密码对涉及国家秘密的信息和信息系统进行保护的，应遵循什么要求？

电力信息系统运营、使用单位采用密码对涉及国家秘密的信息和信息系统进行保护的，应报经国家密码管理局审批，密码的设计、实施、使用、运行维护和日常管理等，应当按照国家密码密码管理有关规定和相关标准执行；采用密码对不涉及国家秘密的信息和信息系统进行保护的，需要遵守《商用密码管理条例》和密码分类保护有关规定与相关标准，其密码的配备使用情况应当向国家密码管理机构备案。

9-11　电力信息系统运营及使用单位应根据哪些文件要求确定信息系统安全保护等级？

电力信息系统运营、使用单位应当按照《信息系统安全等级保护实施指南》（GB/T 25058—2010）具体实施等级保护工作，应依据《电力行业信息安全等级保护管理办法》《信息系统安全等级保护定级指南》（GB/T 22240—2008）和《电力行业信息系统安全等级保护定级指导意见》确定信息系统的安全保护等级。

9-12　电力企业在网络与信息安全管理中的职责是什么？

电力企业是本单位网络与信息安全的责任主体，负责本单位的网络与信息安全工作。

电力企业主要负责人是本单位网络与信息安全的第一责任人。电力企业应当建立健全网络与信息安全管理制度体系，成立工作领导机构，明确责任部门，设立专兼职岗位，定义岗位职责，明确人员分工和技能要求，建立健全网络与信息安全责任制。

电力企业应当按照电力监控系统安全防护规定及国家信息安全等级保护制度的要求，对本单位的网络与信息系统进行安全保护。

电力企业应当选用符合国家有关规定、满足网络与信息安全要求的信息技术产品和服务，开展信息系统安全建设或改建工作。

电力企业规划设计信息系统时，应明确系统的安全保护需求，设计合理的总体安全方案，制订安全实施计划，负责信息系统安全建设工程的实施。

电力企业应当按照国家有关规定开展电力监控系统安全防护评估和信息安全等级测评工作，未达到要求的应当及时进行整改。

电力企业应当按照国家有关规定开展信息安全风险评估工作，建立健全信息安全风险评估的自评估和检查评估制度，完善信息安全风险管理机制。

电力企业应当按照网络与信息安全通报制度的规定，建立健全本单位信息通报机制，开展信息安全通报预警工作，及时向国家能源局或其派出机构报告有关情况。

电力企业应当按照电力行业网络与信息安全应急预案，制定或修订本单位网络与信息安全应急预案，定期开展应急演练。

电力企业发生信息安全事件后，应当及时采取有效措施降低损害程度，防止事态扩大，尽可能保护好现场，按规定做好信息上报工作。

电力企业应当按照国家有关规定，建立健全容灾备份制度，对关键系统和核心数据进行有效备份。

电力企业应当建立网络与信息安全资金保障制度，有效保障信息系统安全建设、运维、检查、等级测评和安全评估、应急及其他的信息安全资金。

电力企业应当加强信息安全从业人员考核和管理。从业人员应当定期接受相应的政策规范和专业技能培训，并经培训合格后上岗。

9-13 办理电力信息系统安全保护等级备案手续时需提供什么材料？

应当填写公安部监制的《信息系统安全等级保护备案表》，第三级及以上信息系统应该同时提供以下材料：

（1）系统拓扑结构及说明；

（2）系统安全组织结构和管理制度；

（3）系统安全保护设施设计实施方案或者改建实施方案；

（4）系统使用的信息安全产品清单及其认证、销售许可证明；

（5）测评后符合系统安全保护等级的技术检测评估报告；

（6）信息系统安全保护等级专家评审意见；

（7）本企业的上级信息安全管理部门对信息系统安全保护等级的意见。

9-14　电力信息系统的安全保护等级确定后，系统运营、使用单位应当做哪些方面的工作？

电力信息系统的安全保护等级确定后，系统运营、使用单位应当按照国家信息安全等级保护管理规范和技术标准，使用符合国家有关规定，满足信息系统安全保护等级需求的信息技术产品，开展电力信息系统安全建设或者改建工作。

9-15　电力行业中控制区和非控制区系统分别指的是哪些区域？

控制区包括具有实时监控功能、纵向连接使用电力调度数据网的实时子网或专用通道的各业务系统构成的安全区域。

非控制区包括在生产控制范围内，由在线运行但不直接参与控制、作为电力生产过程的必要环节、纵向连接使用电力调度数据网的非实时子网的各业务系统构成的安全区域。

9-16　电力信息系统安全检查工作调研表应包含哪些要素？

（1）信息系统主要功能、部署位置、网络拓扑结构、服务对象、用户规模、业务周期、运行高峰期等；

（2）业务主管部门、运维机构、系统开发商和集成商、上线运行及系统升级日期等；

（3）定级情况、数据集中情况、灾备情况等。

9-17　电力信息系统安全检查实施过程采用的方法有哪些?

电力信息系统安全检查实施过程采用的方法包括人员访谈、文档查阅、配置核查和安全测试 4 种方法。

9-18　电力企业网络与信息系统建设管理阶段的安全要求是什么?

网络与信息系统建设管理阶段主要包括可研阶段、设计阶段、研发阶段。在网络与信息系统可研阶段,应全面分析网络安全风险,开展等级保护定级。在网络与信息系统设计阶段,应编制专项网络安全防护方案,并报送网络安全归口管理部门组织审查。在网络与信息系统研发阶段,应确保生产环境与开发测试环境的物理隔离,采用的开发平台、开发工具、第三方软件及服务应符合公司统一要求,编写的代码应规范、安全。网络产品、服务应符合相关国家标准的强制性要求。网络产品、服务的提供者不得设置恶意程序或代码。

9-19　国家电网有限公司网络与信息系统安全测试要求是什么?

(1)信息系统在开发过程中应同步开展代码安全检查和安全测试工作。

(2)信息系统承建单位应严格落实内部安全测试机制,完善内部安全测试手段。在提交第三方安全测试前应进行出厂前安全测试,并提交测试报告。

(3)信息系统上线前、重要升级前,应通过具有信息安全测评资质的第三方安全测试机构的测试。

(4)重视对用户隐私数据的保护,禁止在测试中使用实际业务生产数据。

(5)信息系统承建单位应遵循公司软件著作权管理要求,及时将软件著作权资料移交至公司软件著作权受托管理单位,确保提交资料的真实性、完整性和可用性,确保提交代码与安全测试通过代码、现场部署实施代码版本一致。

9-20　国家电网有限公司对网络与信息系统的接入有何具体安全管理要求?

(1)应严格按照等级保护、安全基线规范及公司网络安全总体防护方案要求控制网络、系统、设备、终端的接入。

（2）各类网络接入公司网络前，应组织开展网络安全评审，根据其业务需求、防护等级等明确接入区域；应遵照互联网出口统一管理的要求严格控制互联网出口，禁止私建互联网专线。

（3）信息内外网办公计算机接入公司网络前，应安装桌面终端管理系统、保密检测系统、防病毒等客户端软件，确保满足公司终端安全基线与计算机保密管理要求。应采用安全移动存储介质在信息内外网计算机间进行非涉密数据交换。严禁办公计算机及外设在信息内外网交叉使用。

（4）加强非集中办公区域的内网接入安全管理，严格履行审批程序，按照公司集中办公区域相关要求落实网络安全管理与技术措施，信息内网禁止使用无线网络组网。

（5）加强用户真实身份准入管理。为用户办理网络接入、终端接入、信息发布和服务开通等业务，在与用户签订协议或确认提供服务时，应要求用户提供真实的身份信息。

9-21 国家电网有限公司如何加强数据在对外提供过程中的安全管理？

应严格按照公司管理要求对公司商业秘密数据、用户敏感数据、跨专业共享数据，以及通过各类介质提供给社会第三方的重要数据，进行安全备案管理，实行总部、省级单位两级审批。在我国境内产生数据应在境内存储，确需向境外提供，应按照国家和公司要求进行安全评估、审批与报备；由境外产生并跨境传输至境内的数据，应按照国家有关要求进行防护。

数据在对外提供过程中的安全管理应按照以下要求执行。

（1）应通过签订合同、保密协议、保密承诺书等方式，确保内外部合作单位和供应商的数据安全管控。严禁外部合作单位、技术支持单位和供应商在对互联网提供服务的网络和信息系统中存储或运行公司商业秘密数据和重要数据。

（2）未经公司批准，禁止向系统外部单位提供公司的商业秘密数据和重要数据。对于需要利用互联网企业渠道发布社会用户的业务信息，应采用符合公司要求的数据交互方式，并通过公司测评和审查。严格禁止在互联网企业平台存储公司重要数据。

9-22   国家电网有限公司网络安全工作目标是什么？

按照"红队攻点，蓝队防控，督查监督，研发控源"的定位，围绕公司安全工作总体要求，有效协同各方力量，强化攻防对抗、源头消控，共筑网络安全防线，防范重大网络安全事件。实现各单位网络安全红队、蓝队、督查和研发安全队伍密切协同、联动作战、形成合力，做到网络安全攻防对抗"统一指挥、统一协调、统一预警、统一通报"。

9-23   国家电网有限公司如何提升网络安全隐患发现能力？

一是扩大漏洞隐患发现工作覆盖面，各单位要结合运检、营销、调控、金融、国际等业务，常态开展公司内外网信息系统、边界、设备的隐患发现工作。关注各类新技术在公司的应用，对新技术引入的新风险开展全面深入分析，并提供有效的防护建议。二是不断提升对公司业务的支撑能力，各单位要加强与相关专业的合作，充分利用信息安全实验室、电网仿真环境等与公司业务紧密相关的实验环境，开展专业业务场景中的网络安全渗透测试和漏洞挖掘工作，提升对多场景、跨专业网络安全隐患的发现能力，加大对业务安全的支撑力度。

9-24   国家电网有限公司如何提升网络安全风险预警和态势分析能力？

一是各单位要结合国家和公司发布的网络安全预警、专报、情报等，做好对本单位网络安全风险评估和态势的分析工作，提高态势感知、预警发布、威胁分析能力。二是加强与国家和地方网络安全主管部门的沟通，及时了解网络安全的新需求、新动态，密切跟踪相关重大网络安全事件。

9-25   国家电网有限公司如何加强网络安全红队专家队伍建设？

一是进一步强化公司级网络安全红队建设，制订并落实网络安全高端人才培养计划。公司按照队员能力、技术特点不同，对公司级网络安全红队队员进行多维分队、分组，同时安排综合技术全面、工作经验丰富的资深专家带队（组）开展专项工作，其他队员共同参与，在队伍内部形成浓厚的"传帮带"氛围，为公司孵化更多复合型网络安全高端人才。二是加强竞技对抗和培训交流，公司举办红蓝队建设交流、网络安全攻防技术培训及网络安全攻防比赛，积极参加上级主管部门主办的网络安全培训、竞赛。

9-26　国家电网有限公司如何扎实开展蓝队专项工作？

根据当前网络安全形势和防护需求，围绕蓝队四个能力建设，公司设置了一批蓝队专项工作，如 IPv6 防护成效评估、网络攻击行为高级分析、监测微应用设计、恶意程序专项治理等。各参与单位要安排蓝队骨干人员负责专项工作的具体落实，争取形成典型做法和经验。各单位要根据公司印发的往年专项工作优秀经验，在本单位开展推广实施，发挥专项工作成果实效。

9-27　国家电网有限公司云平台如何落实等保测评及风险评估要求？

国网云平台按照三级信息系统等级保护要求，每年至少应进行一次等级保护测评，并落实闭环整改工作。同时，每年应委托具备资质的网络安全服务机构进行一次安全风险评估。

9-28　国家电网有限公司如何强化《国家电网公司电力安全工作规程（信息部分）》落地实施？

扎实做好信息通信《国家电网公司电力安全工作规程（信息部分）》（简称《安规》）的刚性执行，常态开展培训考试，督查各单位执行情况，杜绝无票作业、擅自扩大工作范围等违规行为。2019 年持续推进信息通信《安规》的贯彻执行，在普学、普考的基础上，按照"缺什么、补什么"原则开展针对性培训，强化各级信息通信人员对《安规》的掌握；结合春（秋）检，安全大检查等专项活动，动态抽查各单位工作票执行情况，确保各级人员正确理解、准确执行。2020 年研究基于泛在电力物联网的信息通信安全工作要求；根据《安规》的使用和执行情况，配合安监部门进行完善修订。

9-29 国家电网有限公司信息系统账号权限治理的工作内容是什么？

（1）各业务授权许可部门持续开展归口管理信息系统账号权限治理，对于存量账号需会同使用部门共同确认账号使用人员身份信息、岗位职责及操作权限，确保权责相符。对于新增账号，严格审批流程，确保权限审批合规，流程可追溯；各业务授权许可部门可根据归口管理信息系统业务特点，按需设置系统长期未登录账号冻结期限，并定期对长期未登录账号、冗余账号等"僵尸账号"进行核实确认并禁用。

（2）各级运维单位根据账号权限管理要求，加强对运维账号的管理，严格控制其申请流程、操作权限、使用期限，并定期进行审计，所有运维账号需明确使用人和责任人，并及时更新运维账号使用人、责任人对应表，确保运维账号可审计、可追溯、可定位，确保权责相符。

（3）各单位要加强系统建转运全过程管控，建设期重点把控规范账号命名及账号口令管理；上线试运行前检查账号权限规范合规性及安全加固策略配置情况（业务应用必须具备弱口令校验、长期未登录管理等安全功能，基础平台必须配置口令复杂度策略），建转运期加强系统账号权限移交核查，重点梳理运维账号基础台账，明确运维账号其权限、责任人、使用人以及账号口令更改影响范围，收回主业运维账号，并清理测试、建设、临时等垃圾账号；上线运行期，重点管控账号权限变更申请，明确账号开通期限以及权限，定期清理临时、长期不使用等"僵尸账号"；下线期重点关注账号锁定、权限删除及账号口令强化工作，避免因账号解锁导致存在弱口令隐患。

9-30 根据国家电网有限公司电力安全工作规程有关规定，在信息系统上工作，保证安全的技术措施有哪些？

根据国家电网有限公司电力安全工作规程（信息部分）有关规定，在信息系统上工作，保证安全的技术措施有授权、备份、验证。

授权：工作前，作业人员应进行身份鉴别和授权，授权应基于权限最小化和权限分离的原则。

备份：信息系统检修工作开始前，应备份可能受到影响的配置文件、业务数据、运行参数和日志文件等；网络设备或安全设备检修前，应备份配置文件；主机设备或存储设备检修前，应根据需要备份运行参数；数据库检修前，应备份可能受影响的业务数据、配置文件、日志文件等；中间件检修前，应备份配置文件。

验证：检修前，应检查检修对象及受影响对象的运行状态，并核对运行方式与检修方案是否一致；检修前，在冗余系统（双/多机、双/多节点、双/多通道或双/多电源）中将检修设备切换成检修状态时，应确认其余主机、节点、通道或电源正常运行；检修工作如需关闭网络设备、安全设备，应确认所承载的业务可停用或已转移；检修工作如需关闭主机设备、存储设备，应确认所承载的数据库、中间件、业务系统可停运或已转移；检修工作如需停运数据库、中间件，应确认所承载的业务可停用或已转移；升级操作系统、数据库或中间件版本前，应确认其兼容性及对业务系统的影响。

9-31　根据国家电网有限公司电力安全工作规程（信息部分）有关规定，终端设备的使用有哪些要求？

终端设备用户应妥善保管账号及密码，不得随意授予他人；禁止终端设备在管理信息内、外网之间交叉使用；办公计算机应安装防病毒、桌面管理等安全防护软件；卸载或禁用计算机防病毒、桌面管理等安全防护软件，以及拆卸、更换终端设备硬件应经信息运维单位（部门）批准；在管理信息内网终端设备上启用无线通信功能应经信息运维单位（部门）批准；现场采集终端设备的通信卡启用互联网通信功能应经相关运维单位（部门）批准；终端设备及外围设备交由外部单位维修处理应经信息运维单位（部门）批准；报废终端设备、员工离岗离职时留下的终端设备应交由相关部门处理。

9-32　国家电网有限公司的网络安保工作的总体目标是什么？

网络安保工作的总体目标是确保重大活动期间电力监控系统安全稳定运行，防止电力监控系统由于网络安全原因造成的崩溃或瘫痪，以及由此造成的电力安全事故，实现"网络攻击零侵入、系统设备零缺陷、恶意代码零感染"。

9-33 国家电网有限公司如何夯实移动作业终端及应用的安全技术防护工作？

加强本单位责任范围内移动作业终端、网络、应用、数据等方面的安全防护措施，认真落实本单位移动作业终端及统推和自建移动作业应用的统一安全加固、统一安全管控和统一安全监测工作要求，进一步夯实本单位移动作业终端及应用的安全防护工作。

9-34 国家电网有限公司如何加强通信网络安全防护？

各单位加快公司统一组织研发的新一代信息网络安全接入网关和隔离装置的部署，实现用电信息采集终端、营销现场作业终端、自助交费终端、充电桩等营销相关现场终端设备，以及"互联网+"营销服务手机的安全接入。

9-35 国家电网有限公司如何配合公安部开展网络安全自查？

自查内容主要包括：公司各单位组织开展网络安全工作情况和安全责任制落实情况；关键信息基础设施、重要网站、信息系统等网络运营者贯彻落实国家网络安全等级保护制度情况、关键信息基础设施和重要网站、信息系统安全保护状况；大数据和公民个人信息的采集、存储、传输、应用和保护情况等。公司各单位请于 7 月 10 日前向受理备案的公安机关报送《2018 年公安机关网络安全执法检查自查表》和自查工作总结，并将涉及相关专业的内容抄送公司总部相关专业主管部门。自查总结应重点总结自查工作的组织开展情况，上年度网络安全问题整改落实情况，各项自查内容的核查情况，网络安全等级保护工作开展情况，当前网络安全方面存在的突出问题及下一步网络安全工作计划。

9-36 国家电网有限公司网络与信息系统安全测评管理要求是什么？

（1）定期组织开展在运网络与信息系统的等级保护测评和整改工作。二级系统每两年至少进行一次等级测评，三级系统和四级系统每年至少进行一次等级测评。

（2）等级保护测评机构应具有国家网络安全等级保护管理机构的推荐资质，从事等级测评的人员应具有等级测评师资质。公司各单位应优先选择电力行业等级保护测评机构开展三级及以上系统测评。

（3）从事公司各单位等级测评工作的机构应履行《电力行业信息安全等级保护管理办法》（国能安全〔2014〕318号）相关义务和责任，并满足公司有关要求。

（4）各分部及公司各单位每年至少应委托具备资质的网络安全服务机构对网络与信息系统进行一次安全风险评估，并将结果报送公司网络安全归口管理部门。

9-37 国家电网有限公司如何开展邮件系统安全专项整治工作?

工作内容主要包括：公司外网邮件系统安全自查发现问题整改，外网邮件系统安全防护监测情况，邮件加密存储传输及邮件专用客户端本地加密存储情况，公司外网邮件系统安全防护与实用化综合解决方案落实情况等。涉及自建外网邮件系统的部分单位也要进行相关自查。

9-38 国家电网有限公司如何做好网络安全漏洞隐患的整改?

针对专项活动和技术检测过程中发现的网络安全漏洞、隐患、问题和风险，各单位要逐条整理登记，及时对问题单位进行通报，督促其限期整改，跟踪督办相关单位整改情况，要求其书面进行反馈确认，并及时将整改情况进行记录。对于已通报的每条网络安全漏洞和隐患，各单位均要对整改情况组织开展复测。

9-39 国家电网有限公司信息系统上线测试工作的内容与要求是什么?

上线测试的工作内容与要求包括：

（1）对照系统可研、需求、设计及实际运行需求，对系统的性能指标、运行监控、可靠性、可维护性、安全性、易用性等进行全面、逐一测试，重点关注系统高可用性、快速恢复能力、集成接口连通性、响应能力、数据完整性、安全性等方面。

（2）对于测试过程中发现的系统缺陷、功能故障、安全漏洞与隐患，纳入公司信息系统研发单位运维安全评价，项目建设单位督促系统承建单位加强测试提高软件产品质量及时消除隐患。

（3）测试通过方可申请上线试运行，在上线测试通过前，严禁对外提供服务。

第十章　信息安全案例分析

10-1　乌克兰电网被攻击事件是如何发生的？

2015 年 12 月 23 日下午，也就是圣诞节的前两天，乌克兰首都基辅部分地区和乌克兰西部的 140 万名居民突然发现家中停电。这次停电不是因为电力短缺，而是遭到了黑客攻击。

黑客利用欺骗手段让电力公司员工下载了一款恶意软件 "BlackEnergy"（黑暗力量）。该恶意软件最早可追溯到 2007 年，由俄罗斯地下黑客组织开发并广泛使用，包括用来 "刺探" 全球各国的电力公司。

当天，黑客攻击了约 60 座变电站。黑客首先操作恶意软件将电力公司的主控电脑与变电站断连，随后又在系统中植入病毒，让电脑全体瘫痪。与此同时，黑客还对电力公司的电话通信进行了干扰，导致受到停电影响的居民无法和电力公司进行联系。

乌克兰政府当时称，这是首次由黑客攻击行为导致的大规模停电事件，并将矛头指向了俄罗斯，称俄罗斯黑客应对此次事件负责。

10-2　"震网" 病毒如何奇袭伊朗核电站？

2010 年 8 月，伊朗核电站启用后就发生连串故障，伊朗政府表面声称是天热所致，但真正原因却是核电站遭病毒攻击。一种名为 "震网"（Stuxnet）的蠕虫病毒，侵入了伊朗工厂企业甚至进入西门子为核电站设计的工业控制软件，并可夺取对一系列核心生产设备尤其是核电设备的关键控制权。

2010 年 9 月，伊朗政府宣布，大约 3 万个网络终端感染 "震网"，病毒攻击目标直指核设施。分析人士在猜测病毒研发者具有国家背景的同时，更认为这预示着网络战已发展到以破坏硬件为目的的新阶段。伊朗政府指责美国和以色列是 "震网" 的幕后主使。整个攻击过程如同科幻电影：由于被病毒感染，监控录像被篡改。监控人员看到的是正常画面，而实际上离心机在失控情况下不断加速而最终损毁。位于纳坦兹的约 8000 台离心机中有 1000 台在 2009 年年底和 2010 年年初被换掉。俄罗斯常驻北约代表罗戈辛称，病毒给伊朗布什尔核电站造成严重影响，导致放射性物质泄漏，其危害不亚于切尔诺贝利核电站事故。

10-3 WannaCry 勒索病毒肆虐全球是怎么回事？

2017 年 5 月 12 日，英国国家医疗服务体系（NHS）的至少 16 家医院和相关机构遭到了 WannaCry 勒索病毒攻击，随后发现病毒开始在全球泛滥。我国高校网络中也开始发现勒索病毒攻击，并逐渐扩散。包括中国公安网络，俄罗斯内政部和美国军方都受到不同程度的感染。100 多个国家和地区超过 10 万台电脑遭到了勒索病毒攻击、感染。据了解，这是由 NSA 泄露的"永恒之蓝"通过远程攻击 Windows 的 445 端口在受害者电脑中执行代码，植入勒索软件等木马病毒。而执行者即使没有任何操作，只要终端连着互联网，即有可能"中枪"。勒索软件一般会敲诈 5 个比特币，折合人民币高达 5 万多元。国网员工连夜为终端打补丁，保障系统安全。安全意识十分重要，在日常工作中要及时进行文件备份，及时关闭低频使用的端口，及时进行漏洞补丁修复工作。

10-4 新型勒索软件 Petya 肆虐全球是怎么回事？

2017 年 6 月 28 日，一款新型勒索病毒"Petya"感染了乌克兰境内多家银行、政府、电力公司、邮政、机场设施，并迅速传播至俄罗斯、西班牙、法国、英国等欧洲多国。目前，就连乌克兰境内切尔诺贝利核电站辐射监测系统也受到勒索软件影响，工场区域的辐射监测已改为手动进行。

Petya 勒索病毒传播机制与 Wannacry 类似，先利用 MicrosoftOffice/WordPad 远程执行代码漏洞（CVE-2017-0199）进行感染，然后利用了 MS17-010 漏洞和 psexec 和 wmic 工具进行网络间传播。Petya 病毒与传统勒索病毒不同，不会对电脑中的每个文件进行加密，而是通过加密硬盘驱动器的主文件表（MFT），使主引导记录（MBR）不可操作，通过占用物理磁盘上的文件名，大小和位置信息限制对完整系统的访问，从而使电脑无法启动。

10-5　西门子智能电表发现存在高危漏洞是怎么回事?

2017年10月9日,据媒体报道,安全研究人员MaximRupp发现西门子生产的某款智能电表(采集用电数据,并支持用户通过移动应用查看信息)存在高危漏洞,攻击者利用漏洞能够绕过设备的身份验证,远程访问Web界面并执行管理操作。据悉,该漏洞影响西门子多个版本的产品,现已发布更新固件。

10-6　SCN HeadRoom 事件是怎么回事?

2016年10月,国家电网有限公司下发Oracle数据库重大隐患排查通告,提出当前大部分Oracle数据库存在SCN增长过快的BUG隐患。

数据库之间可以通过dblink进行数据访问,数据库之间存在不同的SCN,为了让事务一致,Oracle将会以两者之间较大的SCN进行同步,更新dblink两端的数据库SCN。但若源数据库出现SCN生成率过高问题,随业务运行,SCN异常会通过dblink传染到其他相关数据库,若企业内部存在网状dblink结构,那么很容易将SCN问题扩大到全网,极端情况下会引发大范围的宕机。该隐患易被不法分子利用,造成严重的信息安全事故。

针对该事件,需找到SCN异常问题传染源后进行补丁升级或将dblink用其他方式代替。

在安全生产中,针对重大隐患要及时进行问题分析处置,整改消缺,同时规范系统运行维护工作。

10-7　电网某单位 ERP 系统电源模块故障致系统无法访问是怎么回事?

2017年10月,某直属单位ERP系统健康运行时长、在线用户数指标缺失,系统无法使用。2017年11月10日,7家直属单位ERP系统健康运行时长、在线用户数指标缺失,系统无法正常使用。经查,故障原因均为ERP系统主节点所在的小型机设备电源模块故障,导致背板上的光纤卡工作异常,引发存储链路中断,主节点挂载的存储资源组无法使用,小型机的高可用无法完成切换,备机应用无法接管服务,导致系统无法访问。

缺乏敏感性，存在责任盲区。直属单位集中部署信息系统日常管理不到位，对风险不敏感，运维力量薄弱，导致多次发生故障。

应急切换演练不到位。系统主节点故障后，未能及时切换至备用节点，高可用机制失效，暴露出应急演练工作不到位，隐患排查不彻底。

现场处置能力不足。故障发生后，未能及时准确定位故障点，未同步开展系统软件、硬件层面的排查，导致电源模块故障发现晚，故障抢修时间较长。

10-8 违规使用 DBLink 链接导致 Oracle 数据库系统 SCN 剩余天数跳降是怎么回事？

2017 年 10 月，某单位在开展业务数据核查工作中，违规使用 DBLink 链接对部分单位营销基础数据平台进行数据查询，导致多个单位 Oracle 数据库系统变更号（System Change Number，SCN）剩余天数跳降，带来营销等重要业务系统停运风险。经应急处置，成功排除风险隐患，SCN 剩余天数稳步回升。

安全风险意识淡薄。未落实公司安全生产制度，系统违规上线，在重大保障期间违规使用 DBLink 开展高危操作，隐患治理不闭环不彻底，安全生产宣教表面化。

安全管控不到位。未落实管业务必须管安全要求，外部人员违规掌握关键系统账号，内部审核机制失效，操作内容未严格履行审批手续，未安排人员进行现场监护。

监控汇报及时，处置迅速有效。公司已于 2016 年建成较完善的 ORACLE DBLink 链接白名单机制，各单位积累了 SCN 跳变处置经验，本次北京公司监控发现 SCN 异常，第一时间汇报并依据应急预案进行处置（提出表扬），各单位也响应及时，处置得当，在较短时间内遏制住 SCN 的继续跳变，避免了大范围系统停运。

10-9 电网某公司渗透发现大量常规漏洞是怎么回事？

2017 年 9 月，电网某公司开展保障远程和集中渗透测试专项活动，总计发现 73 个漏洞，涉及 15 个单位，其中，高危漏洞 42 个，中危漏洞 11 个，低危漏洞 20 个。存在未备案、未测评等管理违章性漏洞，弱口令、XSS、SQL 注入等常见漏洞，越权访问、接口未授权访问、XML 实体注入、任意文件读取等技术漏洞。

部分单位安全意识薄弱：未严格落实公司信息系统建转运管理办法，网络安全"三同步"等相关管理要求。

网络安全意识薄弱：反复出现弱口令等管理违章问题，违反公司网络与信息系统安全管理办法等规定。

常见漏洞排查不到位：对公司下发的网络安全漏洞预警、网络安全风险预警重视不足，未及时进行全面排查和整改。

10-10　电网某公司 App 安全漏洞是怎么回事？

2017 年 9 月，电网某公司在网络安全检查中发现，某直属单位 App 存在任意用户注册、越权访问、文件上传等安全漏洞，恶意攻击者利用漏洞可获取培训班、学员用户信息等敏感信息，获取服务器权限，同时，检测中发现服务器已存在其他木马和可疑链接。

数据保护不到位：未切实保护用户敏感信息，未对用户投保信息进行脱敏处理，违反《网络安全法》第二十一条数据加密相关条例，违反公司关于进一步加强数据安全工作相关规定。

技术能力不足：日常网络安全检查能力不足，未发现系统存在的安全漏洞，导致用户敏感信息存在泄露风险。

安全巡检不到位：日常安全巡检不深入，常见漏洞排查不到位，违反公司2017 年网络与信息安全检查与内控机制建设方案相关规定。

10-11　美国是如何瘫痪伊拉克防空系统的？

信息安全已经成为国与国军事对抗的重要手段，早在第一次海湾战争时，战前军事实力位于全球前列的伊拉克，在刚刚开战前，当美军的飞机已飞进伊拉克的领空，伊拉克的防控系统就瘫痪了。

原来，早在战争爆发之前，伊拉克军方转道约旦，从西方进口了一批先进的打印设备，这个信息也被美军迅速截获。美军随即派遣间谍潜入约旦，通过某些渠道接触到了这些打印设备，并更换了打印机的芯片。随后，这些被做过手脚的打印机就被运进了伊拉克。并毫无防范地连接到了伊拉克军方的电脑上。开战前，美军利用遥控设备激活了打印机中的芯片，这些芯片中储藏的电脑病毒便传到了与之连线的电脑上，然后，一台电脑传播给了与之联网的其他电脑，没过多少时间，整个伊拉克防控体系的电脑设备停止了运行，使伊拉克的防控体系全部瘫痪。

10-12 程序员失误导致酒店信息泄露是怎么回事？

2018 年 8 月，某集团旗下酒店注册用户、入住登记及开房记录信息遭到泄露，涉及约 5 亿条公民个人信息，包括姓名、手机号、邮箱、身份证号、登录密码、家庭住址、入住时间、离开时间、房间号、消费金额等信息。此次信息泄露最早由民间非企运营互联网安全组织团队和互联网安全厂商发现，经分析，疑似该公司程序员曾在 GitHub 上传了一个名为 CMS 项目，项目的配置文件代码里包含了该公司敏感的服务器及数据库信息，被黑客利用攻击导致信息泄露。"姓名—手机号—身份证号"的巨大信息链条，如被恶意利用，将会直接导致不可估量的严重后果，注册过该公司的常客账号的用户，应更换与华住平台使用相同密码的平台账号密码，并多加关注自己的账号登录异常信息，以免因此事而造成不必要的损失。

10-13 全球逾 50 万台路由器遭攻击事件是怎么回事？

2018 年 5 月，一个与俄罗斯有关联的复杂恶意软件已经感染了数十万台互联网路由器。据估计，至少有 54 个国家的 50 万台路由器受到了这种恶意软件的侵害，国外网络安全研究人员将其称为 VPNFilter。研究中发现的被感染的联网设备来自包括 Linksys、MikroTik、Netgear 和 TP-Link 等制造商的产品。分析还指出，VPNFilter 的计算机编码和恶意软件 Blackenergy（黑色能量）的编码有很大相似性，而 Blackenergy 制造了多起针对乌克兰设备的大规模攻击。

10-14 为何要对重要数据进行加密存储和保护？

由某单位研发的一业务系统多次出现 SQL 注入、越权访问、源码泄露等漏洞，影响某公司总部及基层的一交易业务系统，攻击者利用该漏洞，可以获取注册申请时的用户名和口令，利用获取的用户名和口令进入系统后可以获取用户身份证号码、身份证扫描件、手机号码、电子邮件、开户银行及账号等重要信息，造成用户敏感信息泄露。

以上案例反映出研发单位未对重要数据进行加密存储和保护，经上级单位多次预警安全问题整改不彻底，漏洞修复补丁发布前未提交相关安全测评单位进行安全测试，违反公司相关规定。

10-15　廉价的恶意设备会产生哪些影响？

Bsides 安全大会在美国阿什维尔召开，英国安全咨询公司 INSINIA 的研究人员发表了题为"工控系统威胁分析"的主旨演讲，实地展示了一款廉价的"网络攻击设备"。该设备是基于普通的可编程逻辑控制器（PLC）研制而成，一旦将其物理接入工控系统内部网络环境，其内部的 4 行恶意代码即可完成设备（或组件）嗅探、拒绝服务（DoS）攻击等功能，可造成工控系统自身数据流的堵塞和中断，从而导致工控系统瘫痪、生产控制异常。由此可见，外部设备接入，已和远程网络访问、人员登录操作，并列成为威胁工控系统安全的三大途径。

10-16　分布式拒绝服务（DDoS）攻击的实例有哪些？

2018 年 5 月 13 日，丹麦国家铁路运营商（DSB）遭受大规模 DDoS 攻击，导致其售票系统和通信基础设施的运营陷入瘫痪，影响时间超过 24h，约 1.5 万旅客行程受到影响。事件发生后，该公司立即启动应急预案，通过社交媒体发布公告，并采取人工售票等方式缓解运营压力。该公司发言人表示，此事件为外部黑客蓄意攻击所致，其目的是破坏国家铁路运输系统，引发民众对交通系统安全的担忧，并进一步激化社会恐慌情绪。

10-17　黑客攻击的实例有哪些？

2018 年 5 月 3 日，美国俄亥俄州河滨城的警察和消防部门再次遭到勒索软件攻击，成为两周内的第二起类似攻击事件。黑客入侵计算机系统后，利用勒索软件对包含刑事案件调查信息在内的敏感数据进行了加密。目前，政府发言人尚未公布黑客赎金需求及具体攻击细节，但表示相关部门事先保留了被攻击数据的备份，可通过重新录入等方式完成数据的恢复。美国特勤局（USSS）现已介入此次攻击事件的调查。

10-18　勒索病毒攻击实例有哪些?

《西雅图时报》报道,2018 年 3 月 28 日位于美国南卡罗来纳州查尔斯顿的波音生产工厂,遭遇了勒索软件的网络攻击。事发时,波音商用飞机制造工程部总工程师 Mike VanderWel 指挥全体员工快速采取了应对措施,有效防止了网络攻击在公司内部的扩散,避免飞机功能测试设备和飞机软件系统受到侵害。波音公司随后在 Twitter 上发表公告说,恶意软件的入侵仅影响到商用飞机制造部门的少数计算机,安全人员及时采取了补救措施,军用飞机制造部门和服务部门没有受到影响。

10-19　由于出现安全漏洞导致用户信息遭泄露的事件有哪些?

2018 年 12 月 11 日,谷歌官方发布公告称,旗下社交平台 Google+ 存在安全漏洞,5250 万用户信息面临被泄露的风险。据了解,漏洞源于平台对外提供的应用程序编程接口(API)存在访问控制缺陷,攻击者利用漏洞可越权访问个人用户的完整信息。谷歌表示,目前暂未发现用户信息被非法牟利的案例,但为了防范事态的进一步扩大,将加强第三方应用软件 API 接口的安全风险管控。